橘小实蝇嗅觉通讯的分子机制研究

刘欢 邓淑桢 著

JUXIAOSHIYING
XIUJUE TONGXUN DE
FENZI JIZHI YANJIU

化学工业出版社
·北京·

内容简介

《橘小实蝇嗅觉通讯的分子机制研究》共 4 章，第 1 章为绪论，简要介绍了橘小实蝇的生物学和生态学特性，包括橘小实蝇的危害特点、适生环境、入侵风险、适生特性分析、防治策略和化学生态学相关研究等，同时详细介绍了昆虫嗅觉感受分子机理、气味结合蛋白和气味受体的分子功能、以及应用 ME 防控橘小实蝇的相关研究进展。第 2 章介绍了气味结合蛋白 OBPs 在橘小实蝇雄成虫识别 ME 过程中分子功能的研究。第 3 章介绍了气味受体 ORs 在调控橘小实蝇雄成虫对 ME 趋性行为的分子功能研究，并构建了橘小实蝇性成熟雄成虫识别、定位 ME 的分子模型。第 4 章是对全书的总结与展望。

本书可作为植物保护、农学、林学、生物学、昆虫学、园艺学等相关专业的科研人员参考用书。

图书在版编目（CIP）数据

橘小实蝇嗅觉通讯的分子机制研究 / 刘欢，邓淑桢著. —北京：化学工业出版社，2022.8

ISBN 978-7-122-41566-0

Ⅰ. ①橘… Ⅱ. ①刘… ②邓… Ⅲ. ①柑桔小实蝇-分子机制-研究 Ⅳ. ①Q969.456.8

中国版本图书馆 CIP 数据核字（2022）第 095010 号

责任编辑：尤彩霞
责任校对：宋 玮
装帧设计：刘丽华

出版发行：化学工业出版社
（北京市东城区青年湖南街 13 号 邮政编码 100011）
印 装：北京天宇星印刷厂
710mm×1000mm 1/16 印张 10 字数 182 千字
2022 年 9 月北京第 1 版第 1 次印刷

购书咨询：010-64518888
售后服务：010-64518899
网 址：http://www.cip.com.cn
凡购买本书，如有缺损质量问题，本社销售中心负责调换。

定 价：55.00 元

前·言

橘小实蝇 *Bactrocera dorsalis*（Hendel）是一种世界性的重要果蔬害虫，具有寄主范围广、繁殖能力强、生命周期长和世代重叠等特性，可严重为害芒果、番石榴、甜橙、杨桃等超过 250 种具有商业价值的热带和亚热带经济水果。该虫主要以杂食性幼虫蛀果取食的方式为害，因其雌成虫产卵隐蔽、幼虫潜食为害、入土化蛹等特点，同时橘小实蝇野生种群对有机磷类、拟除虫菊酯和阿维菌素等杀虫剂产生了严重的抗性，导致防治工作较为困难。根据持续控制、安全有效的防治思路，防控成虫是目前防治橘小实蝇的主要策略。甲基丁香酚（Methyl eugenol，ME）是一种天然的苯基丙烷化合物，对橘小实蝇性成熟雄成虫有强烈的引诱作用，被广泛应用于监测、诱杀、根除橘小实蝇田间种群。但由于 ME 对人类健康有致癌性、只能诱捕性成熟雄成虫，不适宜长期田间使用；而以 ME 为模板合成的衍生物不仅引诱效果差且工艺复杂，因此开发新型绿色橘小实蝇引诱剂成为亟须解决的科研问题。利用"逆化学生态学（Reverse Chemical Ecology）"的策略，以嗅觉通信蛋白为靶标分子，开发安全性高、专一性强的昆虫行为调控剂来防治目标害虫成为目前研究的热点。因此，阐明 ME 引诱橘小实蝇雄成虫的分子机制，不仅有助于揭示橘小实蝇嗅觉识别的分子机制，而且也对以 ME 分子结构为模板或 ME 作用的嗅觉蛋白为靶标研发新型引诱剂具有重要的指导意义。然而，橘小实蝇雄成虫识别 ME 的分子机理至今尚未明确。

《橘小实蝇嗅觉通讯的分子机制研究》以橘小实蝇和 ME 为研究对象，根据昆虫气味识别机制，通过采用蛋白质组学、转录组学、荧光定量 PCR、爪蟾卵母细胞-双电极电压钳、RNAi 等前沿技术对橘小实蝇触角中参与识别 ME 过程的潜在靶标嗅觉基因的表达模式及功能进行了系统深入的研究。

本书内容大致分为 4 章，第 1 章为绪论，简要介绍了橘小实蝇的生物学和生态学特性，包括橘小实蝇的危害特点、适生环境、入侵风险、适生特性分析、防治策略和化学生态学相关研究等，同时详细介绍了昆虫嗅觉感受分子机理、气味结合蛋白和气味受体的分子功能、以及应用 ME 防控橘小实蝇的相关研究进展。第 2 章介绍了气味结合蛋白 OBPs 在橘小实蝇雄成虫识别 ME 过程中分子功能的研究。采用"二次诱捕法"对橘小实蝇雄成虫进行室内汰选，获得对 ME 无趋性的雄成虫种群；然后，通过 iTRAQ 相对和绝对定量同位素标记技术分析、鉴定对 ME 有趋性和无趋性性成熟雄成虫触角的差异蛋白质组学，筛选靶标 OBPs；进一步通过荧光定量 PCR（qRT-PCR）和基因沉默 RNAi 技术验证了 OBPs 的分子功能。第 3 章介绍了气味受体 ORs 在调控橘小实蝇雄成虫对 ME 趋性行为的分子功能研究。通过高通量测序技术对 ME 处理组和矿物油（MO）对照组的橘小实蝇性成熟雄成虫触角进行转录组测序分析，筛选、鉴定靶标 ORs；采用 qRT-PCR 技术研究了靶标 ORs 的时空表达谱；然后，通过异源真核表达结合双电极电压钳技术检测表达靶标 ORs 的爪蟾卵母细胞对 ME 的电流效应；进一步利用基因沉默 RNAi 技术验证了 ORs 的分子功能。最后，构建了橘小实蝇性成熟雄成虫识别、定位 ME 的分子模型。第 4 章是对全书的总结与展望。本书共约 18.2 万字，邓淑桢博士负责第 1 章、第 2 章 1～3 节内容的撰写工作，撰写字数约 8.8 万字；刘欢博士负责第 2 章第 4 节、第 3 章、第 4 章内容的撰写工作，撰写字数约 9.4 万字。

本书由国家自然科学基金青年科学基金项目（32001916）、河南省自然科学基金青年科学基金项目（202300410135）、河洛青年人才托举工程项目（2022HLTJ03）和农业农村部南亚热带果树生物学与遗传资源利用重点实验室开放课题（202101）资助出版。

由于作者水平有限，书中难免存在疏漏和不足之处，敬请读者批评指正。

作　者

2022 年 8 月

目　录

第1章 绪论

1.1 橘小实蝇生物学和生态学特性

橘小实蝇 *Bactrocera dorsalis*（Hendel）隶属双翅目 Diptera、实蝇科 Tetriphitidae、果实蝇属 *Bactrocera*，亦称"东方果实蝇"，俗称针锋、果蛆和黄苍蝇等，是一种严重危害果蔬业生产的世界性农业害虫（Zheng *et al*., 2013; Liu *et al*., 2016a; Liu *et al*., 2017, 2018a）。该虫原产于亚洲热带和亚热带地区，现已成为中国、东南亚、印度次大陆和夏威夷群岛一带的危险性果蔬害虫（Clarke *et al*., 2005; Stephens *et al*., 2007; Wan *et al*., 2011, 2012; Shi *et al*., 2012; De Villiers *et al*., 2016）。橘小实蝇于1912年在我国台湾首次被发现并记录，于1934年入侵海南岛，我国大陆于1937年有文献记载，目前该虫主要分布于我国广东、广西、湖南、贵州、福建、海南、云南、四川、台湾等省区（Xie, 1937; Hardy, 1973; 陈鹏等, 2007; Li *et al*., 2011a; Yi *et al*., 2016）。多年来，该虫一直是我国的检疫性害虫，2007年在《中华人民共和国进境植物检疫性有害生物名录》中将实蝇属列为检疫性有害生物（朱雁飞等，2020），但鉴于该虫目前已在我国适生区广泛蔓延分布，原农业部于2009年将其从检疫性有害生物名单中去除（陈景芸等，2011）。

橘小实蝇幼虫为典型的杂食性害虫，能取食香蕉、柑橘、杨桃、番石榴、苹果、芒果、桃、茄子、辣椒、丝瓜等46个科250多种经济水果和蔬菜（林进添等, 2004; 李培征等, 2012; Cheng *et al*., 2014）；雌雄成虫因存在多重交配行为而具有强大的繁殖能力（Malacrida *et al*., 2007）。由于该虫具有寄主范围广、繁殖力强、扩散能力和适应能力强及危害性大的特点，往往给果蔬业和花卉业造成严重的经济损失（谢琦和张润杰, 2005; Stephens *et al*., 2007; Wan *et al*., 2011; 李夕英等, 2012; Shen *et al*., 2012）。

1.1.1 橘小实蝇形态特征与生活习性

1.1.1.1 成虫

橘小实蝇成虫体长 7～8mm，雌成虫一般比雄成虫的体长稍长，体色深黑色和黄色相间。成虫头黄色或黄褐色，中颜板具圆形黑色颜面斑1对；中胸背板大部分黑色，缝后黄色侧纵条1对，伸达内后翅上鬃之后；肩胛、背侧胛完全黄色，小盾片除基部一黑色狭横带外，其余均为黄色。触角具芒状，由柄节、梗节和鞭节组成。

橘小实蝇的翅透明，在前缘及臀室有褐色纹带，翅脉黄褐色，有三角形翅痣。胸部背面大部分黑色，但有明显“U”字形黄色斑纹。腹部椭圆形，黄色。腹部第1、2节背面有黑色横带，第三节中央有一条纵带直达腹端，形成“T”形斑纹。雌成虫有一明显的产卵管，由三节组成（图1.1）（林进添等 2004；王小蕾等，2009；王玉玲，2013；黄素青和韩日畴，2005）。

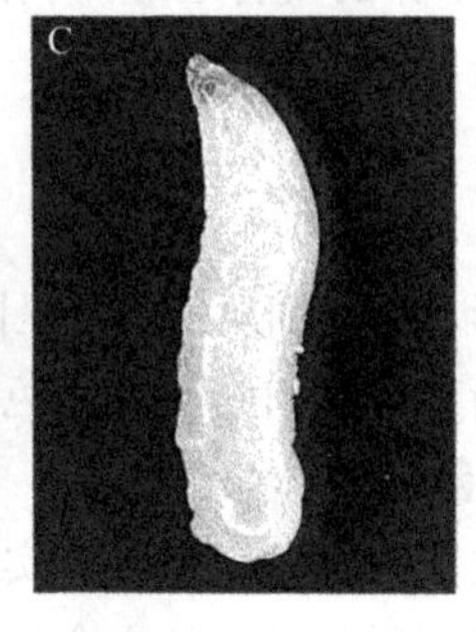

图1.1　橘小实蝇形态图

A：成虫；B：卵；C：幼虫；D：蛹

橘小实蝇成虫具有趋光性，田间成虫多喜在上午天气较凉爽期间取食，中午或下午只在叶丛中、树干枝条上活动。在室内成虫可整天取食，只要有光照，夜间也不停止取食。成虫在羽化后需要补充到足够的蛋白质、糖类才能发育性成熟，进行正常的交配、产卵。早上11:00前和下午16:00-18:00，是橘小实蝇取食、产卵和交配的最适时间，黄昏时间交配活动尤为频繁。雌成虫产卵时通过尾部的产卵管将卵产于果皮或果肉组织内，每处5～10粒不等。在产卵的过程中，橘小实蝇雌成虫会用产卵器轻轻“敲击”果实表面，通过其上着生的感受器感知果实的气味、果皮结构、果肉硬度，寻找适宜的产卵场所，雌成虫会通过推撞等方式攻击同一果实上的同类来保护自己的产卵位置。果实产卵部位表现为凹陷的黑点，每头雌成虫一生产卵量高达400～1000粒（黄素青和韩日畴，2005；朱雁飞等，2020；王俊涛和许广敏，2020；郭腾达等，2019；毛红彦等，2020）。

橘小实蝇成虫能耐受一定的高温，芒果园内35℃的气温对橘小实蝇的飞翔活动无抑制作用，但低温会限制橘小实蝇的飞翔活动，当环境温度低于10℃时，绝大多数雄成虫停止飞翔。橘小实蝇成虫喜欢较湿润的空气环境，当空气相对湿度高于80%或低于60%时对成虫飞翔不利（Alyokhin *et al*., 2001）。在旱季，羽化的成虫无法在土壤中挣扎出来，且无法充分展翅，以致新羽化的成虫死亡率极度增加，雌成虫的产卵量也降低。光刺激是橘小实蝇飞翔活动的基本条件，在100～200lx对飞翔活动明显有利（刘建宏和叶辉，2006），1d内有2个飞翔活动高峰期，分别发生在上午7:00-9:00和下午18:00-19:00。

1.1.1.2 卵

卵长约 1mm，宽约 0.1mm。整体呈梭形并微弯，卵的一头钝圆，另一端略微尖细。初产时卵色呈乳白色，随着发育时间的延长，卵的颜色渐渐变为浅黄色（图 1.1）。卵的孵化率会受所产的天数、温度、湿度等因素的影响。着生在寄主内的卵孵化率高，裸露和干燥状态下卵的发育迟缓，孵化率低。卵期在夏秋季节为 1～2d，冬季 3～6d（黄素青和韩日畴，2005）。

1.1.1.3 幼虫

幼虫外形为蛆形，头部细尾部粗，呈圆锥状。幼虫身体由 11 节组成。虫体前期白色随着发育会渐渐变黄，口咽沟为黑色。橘小实蝇幼虫期一般分为 3 龄，1 龄幼虫体长约 1.5mm，2 龄幼虫体长约 5mm，3 龄幼虫体长约 10mm（图 1.1）。

幼虫孵化于寄主内取食时，由于果实水分多，幼虫会将腹末露在液面，通过腹末的气门来吸取空气。受惊后，幼虫会潜入果肉组织内，适应一段时间后则会恢复原状。1～2 龄幼虫不会弹跳，3 龄幼虫老熟后钻出果实，从果面弹跳到地表，并能连续跳跃多次，通过不断弹跳寻找到适合场所入土化蛹，部分老熟幼虫也可在被害果实内化蛹。老熟幼虫的跳跃距离 15～25cm，高度 10～15cm，并可连续跳跃多次。橘小实蝇夏季幼虫期为 7～12d，冬季 13～20d（黄素青和韩日畴，2005；朱雁飞等，2020；王俊涛和许广敏，2020；郭腾达等，2019）。

1.1.1.4 蛹

老熟幼虫通过爬行或者弹跳到潮湿松软的土壤，在土壤下方 2～3cm 处，经 1～2d 的预蛹后进行化蛹。蛹外形呈椭圆形，长约 5mm，宽约 2.5mm。橘小实蝇野生品系雌、雄成虫的蛹均为褐色，而遗传突变品系雄成虫的蛹为褐色，雌成虫的蛹为白色。蛹的前端有气门残留的突起，后端气门处稍微收缩（图 1.1）。试验表明，化蛹土壤内的水分含量会直接影响橘小实蝇幼虫选择化蛹的深度和蛹的存活率。在干沙土中，化蛹深度相对湿沙土中较浅，而且干沙土中，蛹的死亡率要比湿沙土中高出 50%。橘小实蝇夏秋季节蛹期为 8～14d，秋冬季节蛹期为 15～20d（牛东升等，2017；郭腾达等，2019；王涤非，2019；毛红彦等，2020；王雁楠等，2020）。

1.1.2 橘小实蝇生活史

橘小实蝇属于完全变态发育昆虫，生活史历经成虫、卵、幼虫和蛹四个阶段（图 1.2）。受地理位置和气候环境的影响，橘小实蝇每年发生的代数也会有所差异。

雌成虫在寄主果实上产卵后，夏秋季和冬季卵的孵化时间分别为 1～2d 和 3～6d；孵化后幼虫开始在果实内取食果肉，生长发育；幼虫一般分为 3 龄，基本上在果实内生长发育，3 龄幼虫老熟后便从果实中钻出，通过不断弹跳寻找到适合的化蛹场所后入土化蛹，有些未及时脱离果实的老熟幼虫也可在果实内部化蛹；经过 1～2d 预蛹，在土壤中 8～20d 后出土羽化，进入下一个世代。羽化后成虫一般经过 12～14d 开始进入性成熟时期，此时雌雄成虫开始交配产卵，繁殖下一代（王雁楠等，2020）。但在产卵前，它们需要摄入蛋白质和糖类，产卵一般发生在 10:30-14:00 时，并且在产卵时对寄主选择性较强（毛红彦等，2020）。

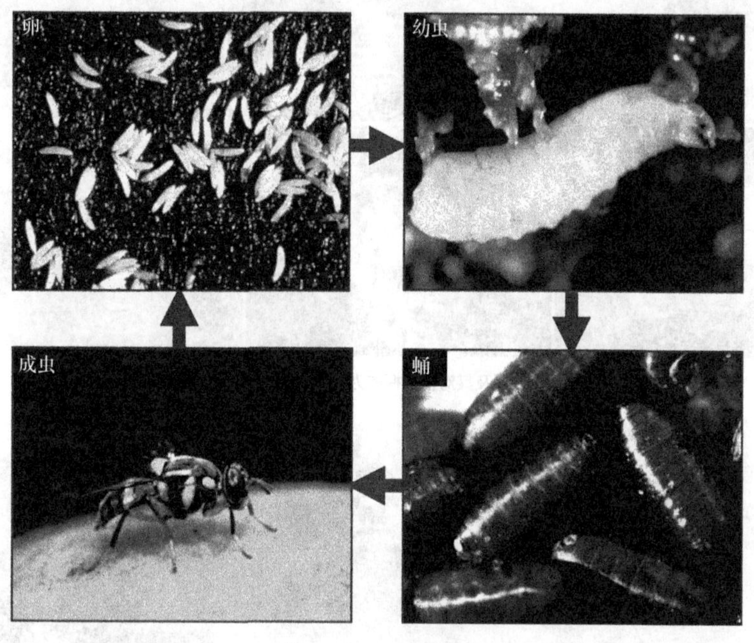

图 1.2 橘小实蝇生活史

1.1.3 橘小实蝇为害特点

橘小实蝇雌成虫通过产卵器将卵产在新鲜瓜、果表皮下，雌成虫更喜欢在果实软组织、伤口处、凹陷处、缝隙处等地方多点产卵，每次产卵 10～30 粒。不同寄主、果实成熟度、寄主部位等均对橘小实蝇的选择有显著影响。在同一寄主上，果实的成熟度也会对橘小实蝇的趋性有影响，成熟果实上的产卵量显著高于未成熟果实（张彬等，2008）。同一果实不同部位上该虫选择趋性也不同，在香蕉果肉中的产卵量多于果皮，但柑橘的果皮上产卵量多于果肉中（叶辉和刘建宏，2005）。此外，造成的机械损伤为其他病菌的侵入提供了有利条件（李红旭等, 2000; 张彬等, 2008;

Xu *et al*., 2012; 郭腾达等, 2019）。初孵化幼虫具有群集取食的习性，经过一段时间的生长，体色渐渐变为淡黄色（Vayssières *et al*., 2008）。随着龄期的增加幼虫的食量也逐渐增大，并向果肉深层扩展取食，在果肉组织内形成潜道，致使大多受害瓜果腐烂、脱落（图 1.3 和图 1.4）（张彬等，2008; 叶辉和刘建宏，2005）。幼虫潜居果实危害的特性使得其难以被察觉，而随被害瓜果进行远距离传播。橘小实蝇不

图 1.3　橘小实蝇及其对番石榴的为害状（Bhagat *et al*., 2013）

图 1.4　橘小实蝇雌成虫产卵及其对芒果的为害状

(a) 雌成虫在番石榴上产卵；(b) 雌成虫在柑橘上产卵；(c) 雌成虫聚集取食；(d)、(e) 芒果为害状

仅对疫区的作物造成严重破坏，造成落果或使果实失去商品价值，而且当检疫区橘小实蝇传入非疫区的国家或地区，若环境条件（寄主、气候等因素）比较适宜时，就有可能在新入侵区迅速建立种群和扩大危害范围，对当地的果蔬生产构成严重威胁（谢琦和张润杰, 2005; Malacrida *et al*., 2007; Liu *et al*., 2011）。

1.1.4 橘小实蝇适生环境与种群动态

橘小实蝇偏好潮湿和高温的环境，最适发育温度为25～30℃，在所有发育阶段中，卵对高温有很强的耐受性（李柏树等, 2013），蛹的耐寒性最强，推测在温带地区橘小实蝇可能以蛹越冬（侯柏华和张润杰, 2007; 任璐等, 2007; 王蒙等, 2014）。橘小实蝇全世代发育起点温度和有效积温分别为12.19℃和334.40日度（吴佳教等, 2000）。在中国，橘小实蝇一年可发生3～11代，大部分地区发生4～8代（詹开瑞等, 2006），其种群在短时间内能迅速形成增殖高峰，是典型的*r*-生态策略，有利于橘小实蝇在不同的生景中能迅速建立种群和占据优势生态位（周昌清和陈海东, 1995）。

橘小实蝇在我国主要分布在我国南部和华东两个区域，但是近些年已经逐步蔓延到我国北方地区（毛红彦等，2020），不同地区橘小实蝇每年发生为害的代数有所不同，国内由北至南，橘小实蝇年发生代数逐渐增多。因为气候条件的适宜，橘小实蝇在海南、广东、广西地区1年发生7～10代，世代重叠严重，基本不存在越冬的现象。2～3月份成虫开始活动，5～6月份随着番石榴、杨桃、莲雾果实成熟，虫口数量急剧上升，8～9月份到达全年最大高峰，12月份至翌年2月份虫口进入低潮时期，低温期成虫不食不动，多在原危害果园的果树丛中，静止于叶背，待气温回升时即进行活动、产卵（雷艳梅等，2007；刘爱勤和利波，2007；梁帆等，2008）。在江苏、浙江、上海地区每年发生4～7代，以蛹在浅层土壤中越冬。5月中下旬开始羽化，8月份虫口密度增加迅速，9～10月份达到高峰，11月下旬至12月份种群数量迅速下降，进入越冬阶段（吴广超等，2007）。在可能适宜的地区，橘小实蝇可完成世代发育，但不能越冬；在非适宜地区，橘小实蝇不能完成世代发育（郭腾达等，2019）。

1.1.5 橘小实蝇入侵风险评估及适生性分析

为进一步明确橘小实蝇的分布范围及扩散趋势，预测该虫的适生区是不可缺少的一步，也是对其风险评估的重要组成部分。自20世纪80年代以来，橘小实蝇在中国的入侵范围迅速增加（Wan *et al*., 2011），目前该虫入侵范围已越过长江，向更高纬度、更寒冷的地域扩散（周国梁等, 2007; 袁梦等, 2008; Wang *et al*., 2008; 陈连根等, 2010）。在亚洲，橘小实蝇已经扩散到琉球群岛、印度、巴基斯坦、尼泊尔、越南、老挝、缅甸、泰国、斯里兰卡和塞班岛等区域（Clarke *et al*., 2005; Stephens *et al*., 2007; Wan *et al*., 2011, 2012; De Villiers *et al*., 2016）。在世界范围内，橘小实蝇已严重入侵北马里亚纳群岛、夏威夷、关岛、加利福尼亚、佛罗里达、法属波利尼西亚和肯尼亚等地区（Lux *et al*., 2003; Aketarawong *et al*., 2007; Nakahara *et al*., 2008）。由于橘小实蝇具有气候耐受性强、寄主范围广、繁殖能力和扩散能力强等生物学特性，该虫仍具有向更北或更南的寒冷地理区域扩散的趋势（Stephens *et al*., 2007; Wan *et al*., 2011）。全面了解橘小实蝇的潜在入侵风险是迫切需要解决的科学问题，这对有效地监管其生物安全风险和控制种群数量是至关重要的，同时有助于人们采取相应的策略来管理该虫的入侵所造成的经济风险和生物风险（Kriticos *et al*., 2013）。

张润杰等（2005）根据国际有害生物风险评估方案，提出了橘小实蝇随进口水果传入风险评估的参数指标体系，并在此基础上，建立橘小实蝇传入风险的综合评估模型，模拟评估结果认为：进口水果装运前的杀虫处理和水果到岸时的检疫处理对风险值的影响很大，进口水果的数量以及运输途中是否出现极端限制因子也对风险值有明显影响。根据 CLIMEX 和 GARP 生态位模型分析结果，橘小实蝇在中国最适宜适生分布区包括广东、香港、澳门、台湾、海南、云南和广西等地，次适生区包括贵州、四川、重庆、湖南、福建、江西、湖北北部、浙江南部、江苏等地（侯柏华和张润杰, 2005; 詹开瑞等, 2006; 周国梁等, 2007）。由于在中国主要地理或生态屏障的相对缺失，橘小实蝇已成功地入侵上述大部分地区和省份，甚至包括中国的中部和北部地区，如河南和安徽地区，并且有继续向高纬度入侵扩散的趋势（Wan *et al*., 2011; Wei *et al*., 2017）。目前，橘小实蝇已分布在我国 22 个省（自治区、直辖市），越冬区包括海南、广东、江西等 12 个省（自治区、直辖市），越冬临界区包括上海、江苏、安徽、湖北、湖南、贵州 6 个省（直辖市），非越冬区包括河南、山东、河北和北京 4 个省（直辖市）（王雁楠等，2020）。虽没有明确的报道证实橘小实蝇可在非适生地越冬，但近几年连续监测到其在北方发生危害（金思明等，2013），其中的缘由尚不明确。推测有三种可能，一是在北方能够完成完整的生活史，在温室内或野外的土壤、烂果中越冬；二是在北方不能越冬，每年造成危害的虫源由南方调运而来，其发生及为害规律还有待进一步研究；三是以上两种可能兼而有之。综上所述，随着全球气候变暖、贸易的往来、种植方式的改变以及果蔬种类的多样，橘小实蝇暴发的可能性极大。因此，各级检疫部门对调运果蔬应严格检疫、严密监测，一旦发现应及时防控，降低暴发的风险。多种模型预测分析均认为温度、湿度和寄主是影响橘小实蝇生存的主要因素。随着全球气候变暖，该虫适生区及潜在适生区面积将逐渐扩大，从热带、亚热带的大部分区域逐步延伸到温带的适宜区域，从中国的东南沿海及南方地区逐步扩散至华北地区，因此中国北方地区对橘小实蝇的传播扩散应提高警惕（朱雁飞等，2020）。

随着全球气候变暖，橘小实蝇在世界范围内入侵区域不断扩大，Stephens *et al.*（2007）在通过 CLIMEX 分析后指出，除了热带、亚热带的一些地区外，温带的一些地区也很可能成为橘小实蝇的定殖区，同时还指出在生物风险分析过程中要充分考虑全球气候变化的因素。根据 MaxEnt 和 GARP 模型分析预测结果，橘小实蝇的最佳适生区包括美国的西海岸和东南部地区、中美洲和南美洲、欧洲的地中海沿海地区、撒哈拉以南的非洲地区、澳大利亚的北部和沿海地区、新西兰的北岛、加勒比海地区和墨西哥等（Stephens *et al.*, 2007; 周国梁等, 2007; Li *et al.*, 2011a; De Villiers *et al.*, 2016）。此外，在亚洲北部和西部的寒冷、干旱地区也将逐渐成为橘小实蝇的潜在入侵区域（Hill M P and Terblanche J S, 2014）。

温度和湿度是限制橘小实蝇分布的两个重要非生物因素，低温是阻碍其在新入侵地建立种群和扩张的关键因子（De Villiers *et al.*, 2016）。然而，自 20 世纪以来全球平均温度上升了 0.6℃，且在 21 世纪全球温度仍会持续上升（Stephens *et al.*, 2007）。因此，由于全球变暖的影响，橘小实蝇潜在入侵范围可能会扩展到目前因寒冷而无法生存的地区。尽管少数地区成功根除了橘小实蝇，但该虫的入侵过程是迅速而持续性的，因此，潜在入侵区域应及时采取管理措施防止橘小实蝇入侵为害。

1.1.6　橘小实蝇综合控制策略

由于橘小实蝇幼虫是一种潜食性害虫，一旦钻入果实内取食，普通的药剂喷洒防治很难达到理想的效果，并且化学防治还会引起一些环境和食品安全问题等。根据持续控制、安全有效的防治思路，很多研究者都将诱剂和生物防治作为切入点，利用生态学的综合防治方法来遏制当地橘小实蝇种群的策略越来越受到人们的重视。当前，在“预防为主，综合防治”的植保方针指引下，对橘小实蝇所采取的防控措施主要坚持以农业防治为基础、生物防治为先导、物理防治为辅助、化学防治为补充的防治策略，才能经济、安全、有效、持续地控制其为害。

1.1.6.1　检验检疫

橘小实蝇最主要的扩散方式是成虫飞行和受感染果实的人为传播。橘小实蝇作为一种定殖能力很强、且定殖后能造成巨大损失并难于根除的危险性有害生物，加强检疫和监测无疑是最重要的两个方面。随着国际国内贸易的日趋频繁，人员流动速度也逐渐加快，对重要货物集散地、人口进出口岸等地点的橘小实蝇寄主材料检查显得尤为重要。在检疫环节上不仅要重视外检，也要重视内检，细化检疫片区，最大限度杜绝橘小实蝇的蔓延，隔离真正疫区及时扑灭疫情，降低经济损失。橘小实蝇监测是及时发现可能扩散传播的橘小实蝇疫情的重要手段。在扩大和调整橘小实蝇监测布局的同时，还要积极推进监测技术更新，提高橘小实蝇的监测技术水平。加强地方部门人员的相关培训，使监测体系具有及时高效的反应机制（张彬等，2008）。同时，应广泛宣传，提升防控意识。各级政府相关部门、检疫部门及专业工作人员应采取一系列的措施，向广大果蔬种植者、运输者和消费者宣传橘小实蝇的形态特点、危害症状、传播扩散途径、造成严重程度及防治措施等，提升全民防控意识，避免该虫因人为因素而广泛传播。

1.1.6.2 农业防治

农业防治法是利用包括合理作物布局、清洁田园、选用抗性品种、调整作物耕作制度、果实套袋等一系列农业技术措施对橘小实蝇进行防治。

① 合理规划种植布局，成片种植单一果树和品种　将橘小实蝇嗜好作物和非嗜好作物或非寄主植物合理布局，在同一地区应种植同一品种或成熟期相近的水果品种，避免把不同成熟期的水果安排在同一果园，尽量阻断橘小实蝇寄主食物来源，避免其通过转主寄生危害完成周年繁殖。此外，在橘小实蝇发生的边缘地区种植非寄主作物，形成分布隔离带，如在柑橘园内和附近不栽植番茄、苦瓜、芒果、桃、番石榴、番荔枝和梨等果蔬作物（郭腾达等，2019）。

② 清洁田园　橘小实蝇幼虫蛀食的果实往往提早脱落，及时收集果园地面上的落果并深埋或沤烂，可以杀死果中的幼虫和蛹，也可以集中起来装入厚塑料袋内，扎紧袋口放入太阳光下高温闷杀，防止幼虫入土化蛹，能有效减少虫源。在落果初期每 3 天清除 1 次，落果盛期至末期每天 1 次，对树上有虫青果和过熟果实亦应及时摘除。同时，结合果园施肥，对土壤深翻耕处理，以暴露或深埋越冬蛹，减少下代成虫的羽化。

③ 种植抗性品种或调整水果成熟期　橘小实蝇对果实的侵害率与品种的成熟期及其抗虫性有关，种植对橘小实蝇有抗性的品种和成熟期避开其发生期的品种可有效降低危害率。如北方早熟桃品种一般于 5～6 月份成熟，可以避开橘小实蝇的发生危害高峰期，晚熟桃则受害严重（郭腾达等，2019）。

④ 根据不同水果品种，选择相应的果袋进行果实套袋　果实套袋时间应根据不同水果品种的生育期和当地水果种植情况，结合橘小实蝇发生实况而定，一般在坐果期或果皮软化前套袋。通过试验证明，套袋对防止橘小实蝇的侵入为害效果显著。

但是，该方法也有其缺点，在幼年果树上操作较为简便，对于老龄或树势高大的则工作量较大，在价值较低的果树上没有优势。而且，若所用袋子质地过薄，橘小实蝇的产卵管仍能刺破袋子造成果实腐烂。另外，套袋时机掌握不准可能影响果实的风味。

1.1.6.3 诱剂诱杀

引诱剂在橘小实蝇综合治理中扮演着极其重要的角色，其与化学农药混合后的应用，包括喷施以及毒饵悬挂是实蝇“诱杀”策略中最为有效手段（图1.5）。目前，“诱杀”策略已被成功地应用于部分地区橘小实蝇的大规模综合治理以及根除工作中，从而进一步减少了田间化学农药的使用（林嘉等，2021）。由于橘小实蝇对水果和蔬菜造成的为害主要表现为雌性成虫产卵于果皮下后其幼虫潜居果瓤取食直至化蛹，蛹处于土壤中，因此化学防治存在一定的障碍，且橘小实蝇田间种群已对有机磷杀虫剂、拟除虫菊酯和阿维菌素等农药产生了严重的抗药性，采用诱杀技术防治可减少化学农药的使用，目前已成为综合防治橘小实蝇成虫的主要策略，最为常用的诱杀诱剂有化学合成类和水解蛋白类两种（Vargas *et al*., 2006; Jin *et al*., 2011; Lin *et al*., 2012; Shen *et al*., 2012）。

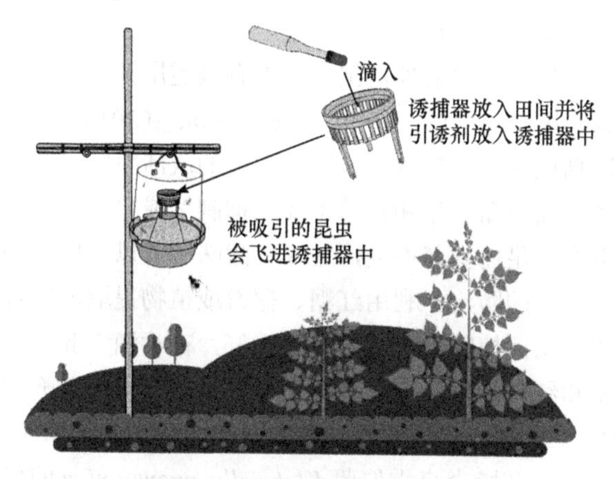

图1.5 田间诱捕法防控橘小实蝇

甲基丁香酚（methyl eugenol，ME）被实蝇属若干实蝇种的雄成虫摄取作为性信息素的前体，以此增加雄性性活力和性能，对橘小实蝇雄成虫有强烈引诱作用（Ji *et al*., 2011）。在甲基丁香酚中添加不同成分的引诱物，可发挥增效作用，香茅油、甜橙香精和甲基丁香酚按2.5∶47.5∶50比例混配时引诱效果最好（吴华等，2004）。甲基丁香酚与水解蛋白混合有机磷杀虫剂马拉硫磷置于专用诱捕器对橘小实蝇进行田间诱杀也具有良好效果（Vargas and Prokopy, 2006）。此外，诱捕器放置位置、颜色、诱剂剂量对诱捕害虫数量有影响（席涵等，2019），诱捕器间距在 2～3m 时橘小实蝇的诱捕量受影响，超过 10m 则不会；透明诱捕器的诱虫数量显著高于黄色、红色、蓝色或绿色诱捕器的诱虫数量；橘小实蝇的诱捕量也随诱剂剂量的增加而增加（Howarth, 2000）。此外，甲基丁香酚对橘小实蝇的诱捕量还受风速和最低温度的影响（Verghese *et al*., 2006）。

橘小实蝇性成熟和产卵具有必须取食蛋白的生理特点，而食物诱饵水解蛋白含有橘小实蝇成虫发育所需的营养物质，喷洒水解蛋白诱杀防治实蝇有较好效果，而且对两性成虫都有很强的引诱作用，解决了性引诱剂只吸引雄成虫的不足，而且具有环境友好、对人和其他有益昆虫无毒等优点，目前已经成为防控实蝇类害虫的重要措施（王波等，2010a）。Steiner（1957）曾报道发现糖和蛋白水解物、酵母酶解物、黄豆水解产物对橘小实蝇都有强烈的引诱作用，且对雌成虫的引诱能力强于雄成虫。后来发现水解蛋白液是橘小实蝇蛋白饵剂的核心组分，通过对酶解啤酒废酵母生产的橘小实蝇蛋白饵剂的室内生物测定结果表明，水解蛋白液对橘小实蝇的引诱率可达 60.00%，其中雌性和雄性的引诱率分别为 63.30%和 56.70%，室外生物测定结果表明，蛋白饵剂 12h 内的引诱率可达 80.00%，其最佳使用环境温度为 25～28℃，总糖与蛋白质含量的比例是影响引诱率的重要因素，当二者之比为 200：1 时，引诱率最高（王波等，2010a）。

除水解蛋白诱杀橘小实蝇之外，国内外也有报道用糖或蜜的食物诱饵加上有机磷杀虫剂喷洒树冠，以此集中诱杀成虫。Zheng *et al*.（2016）研究发现饲喂 3 种甜味剂赤藓糖醇、阿斯巴甜和糖精可导致橘小实蝇的成活率降低，其中赤藓糖醇对橘小实蝇有毒杀作用，而阿斯巴甜和糖精主要是抑制了成虫的飞行和爬行行为，这可能导致橘小实蝇取食不足而营养不良，这 3 种甜味剂可以考虑作为添加剂添加到食诱剂中，用于橘小实蝇的防治。利用红糖、糖蜜或植物提取液混合有机磷杀虫剂引诱橘小实蝇的结果表明，植物提取液的速效性好，在喷洒 24h 内对雌、雄成虫诱杀快，效果好；糖蜜和红糖的效果则较为迟缓，24h 后的效果较好（陈景辉等，2003; Howel *et al*., 1988）。另外，研究发现土生拉乌尔菌 *Raoultella terrigena*、产酸克雷伯菌 *Klebsiella oxytoca* 和肺炎克雷伯菌 *Klebsiella pneumoniae* 的代谢物对橘小实蝇成虫具有引诱性，以生物代谢物为诱剂的防控策略或许会得到良好的防治效果（Shi *et al*., 2012）。

以植物释放的化学物质研制植物源引诱剂已成为研究的热点，关键的工作就是寻找到高效的气味源物质，因此深入研究果蔬气味中诱集橘小实蝇的活性成分，对开发新型的引诱剂具有重要的意义（杨子祥等，2011）。室内研究非寄主植物南洋参 *Polyscias guilfoylei* 提取物和叶片次生性化合物对橘小实蝇的引诱作用，新鲜、完整叶片挥发物对雌、雄成虫有显著的引诱作用，提取物中二氯甲烷层对雌、雄成虫的引诱效果最好，引诱雌成虫率超过93%，对雌成虫的引诱率最高可达98%（Jang *et al.*, 1997）。研究榄仁树 *Terminalia catappa* 果实提取物对橘小实蝇成虫的引诱作用，结果表明乙醇提取物对橘小实蝇雌、雄成虫引诱作用差异显著，对雌成虫有显著的引诱作用；正己烷提取物对雌雄成虫引诱作用差异不显著（Siderhurst and Jang, 2006b）。Liu *et al.*（2000）研究发现氨茴酸甲酯、α-香油脑、乙酸乙酯、丁酸乙酯和肉桂醇是来自番石榴，芒果、柑橘和杨桃果实对橘小实蝇的雄、雌成虫具有引诱性。

1.1.6.4　色诱诱杀

陈海燕等（2018）在番石榴园探究10种颜色的粘板对橘小实蝇的引诱效果，结果发现黄色的引诱效果最强，其次是绿色，其他8种颜色引诱效果相当，依次是紫色、青色、蓝色、白色、深红色、粉红色、灰色、黑色。匡石滋等（2009）于柑橘园中用黄板诱杀橘小实蝇，结果表明悬挂方向为南向，高度为大约120cm即果树中、上部，密度为每10m^{2}挂1块黄板，效果相对较好。Said *et al.*（2017）在橘小实蝇的寄主植物红辣椒园试验，发现黄色诱捕器对橘小实蝇成虫的引诱效果最佳，其次是白色和绿色诱捕器，红色和蓝色诱捕器诱集效果相当且次于白色和绿色，黑色诱捕器诱集效果最差，显著低于前几种颜色的诱捕器；悬挂高度方面，诱捕器距离地面25cm和50cm诱集到的成虫数量显著高于距离地面75cm和100cm；综合考虑可推荐采用黄色、白色和绿色的诱捕器悬挂于距地面25cm和50cm处用于诱集辣椒园中的橘小实蝇成虫。

1.1.6.5　驱避防治

植物源活性物质对昆虫的趋避原理是利用植物精油气味干扰昆虫对寄主植物气味的搜寻、识别，以此达到保护寄主植物的目的。昆虫主要通过其嗅觉感受器识别寄主植物的特异性气味（郭峰，2020）。昆虫对植物次生物质的拒避反应是一种复杂的行为过程，受诸多因素的影响，如昆虫本身的行为反应特点和适应能力、植物提取物中活性成分的组成、环境等。橘小实蝇主要通过成虫产卵于果实，然后幼虫蛀食果实为害，因此产卵驱避剂是一种有效的防治方法（席涵等，2019）。国内外研究学者在对植物源物质对橘小实蝇驱避性研究中发现，不同浓度植物源提取物对昆虫不同龄期驱避效果不同，且大部分植物源提取物高浓度下驱避效果更好。王玉赞等（2010）研究了植物精油对害虫行为的干扰作用，测定和比较了6种植物精油对橘小实蝇在不同水果上的产卵驱避效果，发现辣椒油、香茅油、樟脑油、冬青油对橘小实蝇有较好的产卵驱避作用。李智伟等（2017）发现5种芦荟提取物对橘小实蝇均有一定的产卵驱避活性，而其中驱避活性最高的为丙酮提取物；通过选择性试验与非选择性试验发现丙酮提取物的产卵驱避率随提取物浓度的增加而增加，粗提物含量为10mg/mL时产卵驱避活性最强。胡黎明等（2012）研究了香茅精油对橘小实蝇的产卵驱避作用及其化学成分分析，研究结果表明，香茅精油对橘小实蝇产卵具有较好的产卵驱避作用，经过不同浓度香茅精油处理后芒果上的产卵量均显著低于对照，且随着香茅精油浓度的提高其产卵量逐渐减少，当浓度为10000μg/m L时，产卵驱避率高达70.06%。林海清等（2008）对橘小实蝇的4种非寄主植物柠檬桉、樟树、白千层、夹竹桃进行提取并将提取液涂抹在香蕉表面，观察其对橘小实蝇的忌避作用，结果表明白千层的乙醇提取物对橘小实蝇的驱避作用最大。

1.1.6.6 生物防治

橘小实蝇的生物防治的主要措施包括寄生性天敌、捕食性天敌的利用，病原微生物中真菌、线虫、共生菌等的利用。而寄生蜂作为橘小实蝇的重要寄生性天敌，已在全世界很多国家和地区繁殖释放成功，取得了很好的防治效果（李夕英等，2012）。目前，世界范围内已知有34种可寄生橘小实蝇的卵或幼虫或蛹，包括茧蜂科Braconidae潜蝇茧蜂亚科Opiinae 20种、金小蜂科Pteromalidae 5种、小蜂科Chalcididae 4种、姬小蜂科Eulophidae 3种、跳小蜂科Encyrtidae 2种（苏冉冉等，2021）。其中阿里山潜蝇茧蜂*Fopius arisanus*（Sonan）、长尾潜蝇茧蜂*Diachasmimorpha longicaudata*（Ashmead）、布氏潜蝇茧蜂*F. vandenboschi*（Fullway）、切割潜蝇茧蜂*Psyttalia Incisi*（Silvestri）和东方实蝇蛹俑小蜂*Spalangia endius*（Walker）在国内外均有报道；*F. ceratitivorus*（Wharton）、D. tryoni（Cameron）、布氏短背茧蜂*P. fletcheri*（Silvestri）、实蝇啮小蜂*Tetrastichus giffardianus*（Silvestri）、*P. incise*（Silvestri）、吉氏角头小蜂*Dirhinus giffarddi*（Silvestri）、匙胸瘿蜂属*Aganaspis* sp.在国内未见相关文献；印度实蝇姬小蜂*Aceratoneuromyia indica*（Silvestri）、长柄俑小蜂*Spalangia Longepetiolata*（Boucek）和蝇蛹金小蜂*Pschycropoideus vindemmiae*（Rondani）仅仅在国内有报道。在橘小实蝇寄生性天敌中，阿里山潜蝇茧蜂*F. arisanus*为优势种，该寄生蜂主要寄生于处于静止状态、防御能力弱的卵，故在寄生蜂中占有绝对优势，对橘小实蝇的寄生率达41%~72%，可以商品化生产用于生物防治（Bess *et al*., 1961; Clausen *et al*., 1965; Wang *et al*., 2003）。此外，在广东田间发现田间控制橘小实蝇的优势蜂种凡氏费氏茧蜂*Fopius vandenboschi*（Fullaway）定殖，并在室内繁殖成功，具有较好的应用前景（章玉苹等，2008）。切割潜蝇茧蜂和长尾潜蝇茧蜂已能大量繁殖，且在田间释放控制橘小实蝇的种群数量有一定的防效（梁光红和陈家骅, 2006; 邵屯等, 2008）。

小卷蛾斯氏线虫*Steinernema carpocapsae*、夜蛾斯氏线虫*S.feltiae* SN品系和嗜菌异小杆线虫*Heterorhabditis bacteriophora* H06品系等昆虫病原线虫是一类新型生态类杀虫剂。将待化蛹的3龄老熟幼虫暴露在DD-136线虫的6个浓度下，6d后的平均校正死亡率为9%～85%，对橘小实蝇种群有明显的控制作用（林进添等，2005）。另外，我国在致病菌对橘小实蝇的防治方面研究较多，潘志萍等（2006）研究了球孢白僵菌对橘小实蝇致病力；Aemprapa（2007）研究7种绿僵菌、12种白僵菌和1种 *Hirsutella citriformis* 菌对橘小实蝇的致病性，发现对橘小实蝇的致死率在2%～68%之间。我国学者黄天培等（2008）成功分离了武夷山的野生Bt菌株WB9，完成了Cry2Ac基因全序列测定和在Bt受体菌中的表达，发现表达产物对橘小实绳幼虫具有显著的毒杀作用。

利用捕食性天敌控制橘小实蝇种群是有效手段之一，一些捕食性天敌主要有蚂蚁、蠼螋、隐翅虫等能产生有效的控制作用，其中蚂蚁是一种对橘小实蝇蛹有效的捕食性天敌（章玉苹和李敦松，2007）；长结织叶蚁 *Oecophylla longinoda* 和红火蚁 *Solenopsis invicta* 在橘小实蝇防治中有一定的应用（Cao *et al*., 2012; Chailleux *et al*., 2019; Mekonnen *et al*., 2021）。此外，国内利用食虫动物控制橘小实蝇也有报道（莫晟琼等，2021）。橘小实蝇老熟幼虫会从受害的虫果弹跳入土，多数在2～3cm土层化蛹。果园内饲养鸡、鸟等除能取食落地烂果、受害果中、地表的幼虫和成虫外，还可以取食土里的蛹，从而减少虫口基数，降低其种群密度达到防治害虫的目的（王美兰，2008；林来金，2015；莫晟琼等，2021）。生物防治是害虫防治的重要手段之一，具有无污染、可持续控制等优点，但由于生物防治的技术难度较大，具有使用成本高、不易推广应用等特点，国内对于橘小实蝇的生物防治技术的范围推广应用的报道较少，多集中于研究阶段（郭峰，2020）。

1.6.6.7 释放不育雄成虫SIT

不育虫释放法（Sterile Insect Technique，SIT）是一种将化学或物理不育处理后的雄成虫在受害区域野外持续、大量释放，使与之交配的野生雌成虫不能正常受精、产卵，无法产生后代，从而降低害虫增殖率、减少种群数量的防治方法。应用不育实蝇防治野生实蝇，是目前世界上较为先进和环保的措施。虽然我国在这方面的研究起步较晚，但梁广勤等（2003）通过研究发现，使用剂量为95Gy的钴（^{60}Co）对橘小实蝇的蛹进行不育辐照，将处理过后的不育雄成虫释放到野外可以导致雌性成虫终生不育。林骁等（2007）通过建立白色纯系，为快速有效区分雌、雄进行不育处理和释放打下了基础。但因释放不育雄成虫只能在一定范围内起作用，因此要求防治地区有一定的地理隔离，所以该方法在我国不宜推广使用（郭峰，2020）。

1.6.6.8 化学防治

目前，化学防治技术仍是橘小实蝇防治的重要措施，国内外学者已针对橘小实蝇的防控进行了大量的药剂筛选和田间药效防控试验。刘奎等（2010）研究了13

种化学防治常用农药防治橘小实蝇的效果，试验结果发现 5%甲氨基阿维菌素苯甲酸盐微乳剂、40%辛硫磷乳油、480g/L 毒死蜱乳油对橘小实蝇成虫防治的速效性较好。李周文婷等（2011）研究发现多杀菌素、阿维菌素对橘小实蝇成虫有较好的防治效果，施用阿维菌素 5000 倍液后，橘小实蝇 24h 存活率仅为 15%。林玉英等（2014）测定了敌百虫、高效氯氰菊酯、阿维菌素等 3 种药剂对不同密度、不同日龄条件下橘小实蝇雌雄成虫的毒力，结果表明，3 种杀虫剂处理后不同密度橘小实蝇成虫的死亡率呈现不同规律，敌百虫处理 5～10 头/瓶，成虫死亡率最高，为 62%～72%，之后逐渐降低至 10%以下，并趋于稳定；阿维菌素处理死亡率总体呈高-低-高-低的 S 形变化，以 30～50 头/瓶最高；高效氯氰菊酯处理后死亡率 5 头/瓶时最低，其他 9 个密度稳定在 35.5%～46.4%。另有研究发现在水解蛋白（GF-120）中添加多杀菌素对橘小实蝇具有较好的诱杀效果（Chou *et al.* 2010a）。在果园橘小实蝇虫口密度过大时，常使用化学防治法快速降低虫口密度，其具有见效快、杀虫速度快等优势。但目前所使用的的农药多为高毒农药，且其残留期长，易对其他有益生物及人畜造成危害，也会对环境造成污染。除此之外，害虫还很容易产生抗药性，不能从根本上降低害虫的虫口数量。因此，在一般情况下并不推荐使用化学防治的方法，未来的研究方向是研制低毒、高效、专一性很强的植物源杀虫剂以及生物杀虫剂（郭峰，2020）。

1.6.6.9 橘小实蝇防治面临的问题

在橘小实蝇的防治中，农业防治的耗时长和耗资多；物理防治中的性诱剂对其他昆虫也有影响，色板难降解易对环境造成污染；虽然化学防治方法研究较多，但橘小实蝇主要通过幼虫在果实内取食为害，使得化学药剂防治的效果不佳，从而往往造成化学农药的高剂量使用，导致橘小实蝇已经对拟除虫菊酯、有机磷杀虫剂、阿菌素等药剂产生了抗药性。同时，由于农药的不规范使用，引发的非靶标生物致死、致畸、致突变和造成害虫抗药性、农药残留、害虫再猖獗等严重问题，且化学防治对天敌有一定的杀灭作用，严重影响了环境健康和生活安全以及农业的可持续发展（Lu *et al*., 2020; Zhou *et al*., 2020）；生物防治是橘小实蝇有效的绿色防控手段，尽管已有单一天敌类群的控制效果报道，但是实践中橘小实蝇单一的生物防治手段不能够完全控制其种群数量，且天敌的大量饲养与释放也是橘小实蝇生物防治的技术瓶颈，同时生物防治也存在成本较高、防效滞后等缺点（苏冉冉等，2021）。所以目前诱杀法是国内外研究的热点，对橘小实蝇的防治效果较好，是一种经济、安全的防治措施，而随着近来橘小实蝇的猖獗趋势，也要认识到目前诱杀防治的不足。甲基丁香酚和异丁香酚诱捕仅对橘小实蝇雄成虫有效，由于橘小实蝇成虫具有多重交配行为，少量的存活雄成虫即可使大量雌成虫受孕，应用中存在一定局限性，因此发展一种以雌成虫为靶标的新的防控技术是关键；蛋白食物饵剂对雌、雄成虫都有引诱作用，基于发酵糖、水解蛋白和酵母的粗引诱剂而被应用，但蛋白本身不具有杀虫作用及缺少特异性，要发挥蛋白的防治作用必须与其他物质混配使用以增加蛋白的活性和持效期，如何改进蛋白诱剂配方以提高蛋白诱剂的引诱活性对防控橘小实蝇的具有更重要的意义（王玉玲，2013）。橘小实蝇的发生、进化和危害都与寄主植物有着密切的关系，对某些植物的挥发性物质或次生性物质有着特殊的趋性，随着化学分析的发展，开发植物源引诱剂将是未来研究的重点，但由于受气候条件限制，其诱杀持效性有待改进，因此，植物提取物作为防治橘小实蝇的诱剂在生产上推广还需进一步深入研究。综上，开发新型、高效的橘小实蝇防控技术迫在眉睫，对橘小实蝇的防治也有十分重要的意义。

1.1.7 橘小实蝇化学生态学研究概述

1.1.7.1 昆虫嗅觉感受机理简介

嗅觉是昆虫产生行为的基础之一，在长期进化的过程中昆虫形成了高度专一和极其灵敏的嗅觉感受系统，能识别来自种内、种间以及外界环境中的特异性的化学气味分子，并将这些化学信息转化为电信号，启动特定的信号转导途径，指导其觅食、寻偶、躲避天敌、信息传递和选择产卵场所等重要的生命活动（Field *et al*., 2000）。触角是昆虫化学感受系统的主要嗅觉器官，它通过复杂的生物化学反应来确保化学信号的精确转导（Benton *et al*., 2009）。针对昆虫感受外界化学信号分子的机理也开展了大量的研究，目前研究表明昆虫感受气味的分子基础在于其外周嗅觉系统拥有气味结合蛋白（odorant binding proteins, OBPs）、化学感受蛋白（chemosensory proteins, CSPs）、气味受体（odorant receptors, ORs）、离子型受体（ionotropic receptor, IRs）、感觉神经元膜蛋白（sensory neuron membrane proteins, SNMPs）和气味分子降解酶（odorant degrading enzymes, ODEs）等多种参与化学转导的气味结合分子和信号转导系统（Justice *et al*., 2003; Leal, 2013）。

OBPs 是一类可溶性蛋白，主要负责外部环境与 ORs 之间的连接（Liu *et al*., 2018b）。外界环境中的气味分子一旦渗入触角表面的感器微孔，就会被 OBPs 结合从而增加其在感器淋巴液中的可溶性；气味分子 Odor-OBP 复合物穿过感器淋巴液到达感器树突，激活树突膜上表达的 ORs，引起嗅觉神经元的兴奋（Brito *et al*., 2016; 杜亚丽等, 2020）（图 1.6）。关于 OBPs 的作用模式，目前有两种假设：

① 对蛾类和蚊类的研究表明，OBPs 起被动载体的作用，且配体可以单独激活相应的 ORs（Damberger *et al*., 2007）；

② 在某些情况下，OBPs 似乎发挥更直接的作用，只有形成特定的 OBP-配体复合物才能激活受体（Ronderos and Smith, 2010）。

CSPs 是从多个目的昆虫中鉴定发现的另一类可溶性小蛋白。与 OBPs 相比，CSPs 的分子量更小，组织分布更广泛，可以结合多种化学物质（Zhou *et al*., 2013）。在嗅觉感受器淋巴液中的 CSPs 主要参与昆虫的化学信号转导，如红火蚁 *Solenopsis invicta* SinvCSP1 在触角中高表达，在巢内同伴信号的识别过程中发挥重要作用（González *et al*., 2009）。然而，一些在非嗅觉器官中表达的 CSPs 可能行使其他不同的生理功能（Ozaki *et al*., 2008），斜纹夜蛾 *Spodoptera litura SlitCSP3*，*SlitCSP8* 和 *SlitCSP11* 在中肠中高表达，与寄主植物的选择有关（Yi *et al*., 2017）；红火蚁 4 龄幼虫中高表达的 *SinvCSP9* 调控蜕皮过程（Cheng *et al*., 2015）；东亚飞蝗 *Locusta migratoria* LmigCSP-II 在成虫翅膀上的毛形感器中表达，可能参与接触性化学感受过程（Zhou *et al*., 2008）。与可溶性的 OBPs 和 CSPs 相比，SNMPs 基因编码的是一类跨膜蛋白，属于 CD36 蛋白家族的一个亚家族，在昆虫性信息素的化学通信中发挥作用（Pregitzer *et al*., 2014）。研究表明，黑腹果蝇 *Drosophila melanogaster* DmelSNMP1 是 T1 感器检测性信息素 Z11-18OAc 的必需蛋白（Benton *et al*., 2007; Jin *et al*., 2008），而二化螟 *Chilo suppressalis* CsupSNMP1 也与触角中检测性信息素的神经元密切相关（Liu *et al*., 2013）。嗅觉受体（ORs）蛋白含有 7 个跨膜结构域，配体特异性 ORs 通常与高度保守的嗅觉受体共受体（odorant receptor co-receptor, Orco）以异源二聚体的形式组成一个配体门控离子通道，此结构可能与昆虫对外界气味物质及性信息素的识别和区分有关（Vieira and Rozas, 2011）。离子受体（IRs）虽与离子型谷氨酸受体有关，但这两个家族在结构上差异较大，因为昆虫 IRs 没有谷氨酸结合位点（Knecht *et al*., 2016; Yuvaraj *et al*., 2018）。IRs 仅在不表达 ORs 或 Orco 的感觉神经元中表达，且与共受体共表达。目前尚未在异源表达系统中研究 IRs 的功能特性，但对其定位和结构特征分析表明 IRs 在配体诱导的离子通道过程中发挥主要作用（Benton *et al*., 2009）。对于以气味为导向的昆虫来说，嗅觉系统动力学要求在毫秒级的时间内迅速灭活杂散的气味分子（Szyszka *et al*., 2014）。气味降解酶（ODEs）参与的配体降解，其速度非常快，可快速终止信号（Ishida and Lea, 2005）。

昆虫感知外界气味分子是通过嗅觉系统中多种不同的蛋白组分协同完成（图 1.6）：周围环境中的气味分子通过昆虫触角感受器表皮的小孔进入触角的淋巴液，首先水溶性 OBPs 与脂溶性气味分子结合形成复合物，然后穿过亲水性的淋巴液将气味分子运输到嗅觉神经元树突膜上的 ORs，此时 ORs 与 Orco（odorant receptor co-receptor）以异源二聚体的方式组成的一个门控离子通道，最终 ORs/Orco 异源二聚体被激活，将环境中小分子化学信息物质所携带的信息转化为神经冲动的电生理信号，导致嗅觉神经元产生动作电位，并通过轴突传递到昆虫的触角叶、蕈形体和

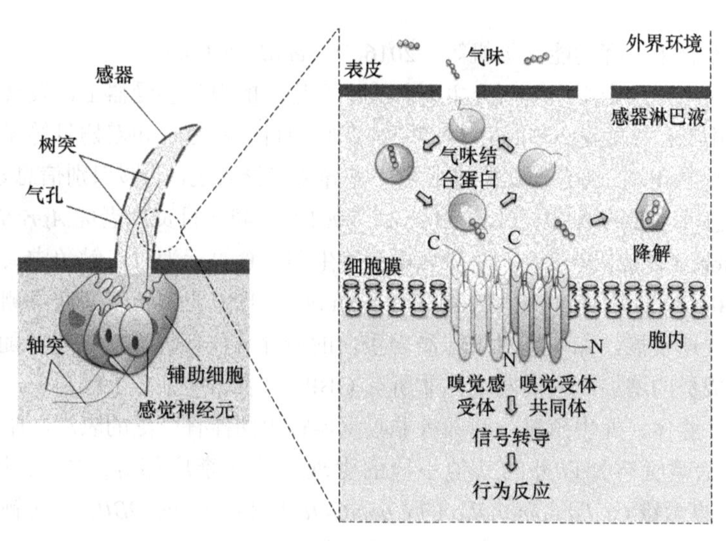

图 1.6　昆虫嗅觉识别的分子机理（Brito *et al.*, 2016）

中枢神经系统，使昆虫感知到外界气味进而做出相应的嗅觉应激行为反应，随后气味分子被释放并由 ODEs 降解，从而终止信号（Robertson *et al.*, 2006; Larsson *et al.*, 2004; Benton *et al.*, 2006; Smith, 2007; Leal, 2013; Sanes JT and Plettner, 2016）。直接从寄主和非寄主植物中鉴定、分离具有潜在生理活性化合物是非常困难的，但对昆虫嗅觉系统的研究将有助于揭示昆虫对环境气味物质的感知及产生相应行为反应的机制，进而为利用“逆化学生态学”策略调控害虫的嗅觉识别行为进行害虫防治提供新的研究思路和理论依据（Siderhurst and Jang, 2006a; Wu *et al.*, 2015）。

1.1.7.2　气味结合蛋白

昆虫气味结合蛋白（OBPs）参与昆虫识别环境中气味信息的第一步反应，主要表达在嗅觉外周系统淋巴液中，负责识别、结合和转运气味和信息素分子到达气味受体（吴帆等，2021）。OBPs 家族是最早发现的嗅觉结合蛋白，数量多而且最为复杂。它们最为显著的特征是具有丰富的α-螺旋和保守的半胱氨酸（Cys）。根据功能可把 OBPs 分为：普通气味结合蛋白（General odorant-binding proteins, GOBPs）、性信息素结合蛋白（Pheromone binding proteins, PBPs）和触角特异性蛋白（Antennae specific proteins, ASPs），早期研究认为 GOBPs 主要参与昆虫对寄主植物挥发物的识别，PBPs 和 ASPs 主要识别和结合昆虫性信息素，其中 ASPs 是特异分布于触角的嗅觉结合蛋白（Zhou *et al.*, 2009; 张雪等, 2021）。但是，随着研究的深入，研究者发现 GOBPs、PBPs 和 ASPs 识别的分子都具有广谱性，它们既可以识别普通气味分子也可以识别昆虫信息素，而且一个配基可以被多种蛋白结合，只是偏向于与特定的分子结合来发挥功能（吴帆等，2016; Wu *et al*., 2019a）。

早期对气味结合蛋白的研究主要都集中在昆虫的嗅觉感受器上，发现其在感受器淋巴液中高浓度表达（Klein, 1987）。在膜翅目、鳞翅目和双翅目等昆虫中最先发现的都是PBP，发现它们在雌雄成虫中差异或特异表达，能够识别信息素类物质，如膜翅目意大利蜜蜂ASP1（Briand *et al*., 2001）、鳞翅目黄地老虎 *Agrotis segetum* PBP（Laforest *et al*., 2010）。在研究昆虫寄生和取食等行为时在触角中又发现了大量的GOBPs，与识别植物源气味有关（Vogt *et al*., 1991）。随着高通量测序和蛋白质组学的快速发展，加快了对气味结合蛋白的研究（孟翔等，2016）。随着OBPs基因家族成员的增加，人们发现并非所有OBPs只表达和分布于触角中，在口器、足、中肠、腺体、外生殖器、腹部等非嗅觉器官中同样有广泛的表达，暗示它们可能还参与除嗅觉感知以外的其他不同的生理功能（李广伟等, 2017; 杜亚丽等, 2020）。苹果蠹蛾 *Cydia pomonella* 的 *CpomGOBP2* 和 *CpomGOBP3* 除在触角中表达外，在口器、雌性成虫的腹部末端也有明显表达（Garczynski *et al*., 2013）；斜纹夜蛾 *Spodoptera litura*（Fabricius）的 *SlitGOBP2* 在雌、雄成虫触角中的表达水平均最高，在身体其他部位如足、翅膀、口器中也有分布（郭晓洁等, 2018）；在意大利蜜蜂中，总共存在21个OBPs，有13个在触角中有表达，其中在触角中特异表达的只有2个，其他的OBPs在脑、胸、卵巢和不同日龄幼虫中均有表达（Foret and Maleszka, 2006）。另外，OBPs在昆虫两性触角中的表达模式存在差异（张雪等, 2021）。梨小食心虫 *Grapholitha molesta* Busck 的 *GmolGOBP1* 在雄性触角中表达高于雌性，而 *GmolGOBP2* 在雌性触角中表达高于雄性（Zhang *et al*., 2012）；桃小食心虫 *Carposina sasakii* Matsumura 的 *CsasGOBP1* 在雄成虫触角中的表达量显著高于雌成虫，但 *CsasGOBP2* 在雌性触角中的表达量更高（Tian *et al*., 2019）；荔枝蒂蛀虫 *Conopomorpha sinensis* Bradley 的 *CsinGOBP1* 在雌雄触角表达量相似，而 *CsinGOBP2* 具有雄性偏向表达，雄性触角的转录水平是雌性的2倍以上（Yao *et al*., 2016）。此外，OBPs的表达与昆虫的虫态、成虫日龄等不同发育状态有关，斜纹夜蛾 *SlitGOBP2* 在1～4龄幼虫和蛹后期均有表达，且在1龄幼虫和蛹后期表达量相对较高，而在卵期、5龄和6龄幼虫期等取食量相对较少的时期基本不表达（郭晓洁等，2018）；小地老虎的 *AipsGOBP1* 和 *AipsGOBP2* 都是在成虫羽化前的第3天开始表达，且分别在羽化后第3天和第4天表达达到最高水平（黄广振，2019）。因此，昆虫处于不同的发育时期和生理状态，其对取食、寄主定位和产卵等方面的需求不同，OBPs的表达也不尽相同（张雪等, 2021）。

由于气味结合蛋白相对简单而稳定的结构，使其能适应各种环境和任务，所以这类蛋白的功能复杂多样，且这些功能对昆虫生理和行为尤为重要。OBPs具有特异性地识别并结合外界环境中不同结构的气味分子，过滤掉那些不需要的或有毒有害物质；运输疏水性的气味分子穿过水溶性的感器淋巴液到达嗅觉神经元树突膜上的受体蛋白，调节其对气味物质的反应强度；保护气味分子免受气味降解酶的降解；在气味分子刺激受体后迅速地使其失活，避免持续刺激导致嗅觉神经元过度兴奋；清除感器淋巴液中不需要的或有毒的物质；味觉感受、营养物质转运、信息素合成与释放、组织发育与分化等多种生物学功能（Fan *et al.*, 2011; 张玉等, 2019; 杜亚丽等, 2020）。

（1）识别转运外源气味和信息素分子

作为气味结合蛋白，最初研究它们的功能就是在嗅觉系统中结合转运气味和信息素分子。OBPs 作为一类主要存在于触角感器内的小分子量的球状蛋白，亲水性氨基酸分布于蛋白表面，使它们具有强水溶性，疏水性氨基酸在内部形成空腔，用于结合配基（Lartigue, 2002; Vogt *et al.*, 2002; Zhou, 2010; Swarup *et al.*, 2011）。气味分子通过触角感器表面的孔和孔道进入到触角感器淋巴液，然而脂溶性的气味分子不能直接穿过亲水性的淋巴液，此时 OBPs 承担起运载气味化合物的角色，该过程是昆虫识别环境气味物质的第一步生理反应（Leal，2013）。豆荚螟 *Maruca vitrata*（Fabricius）*MvitGOBP1* 和 *MvitGOBP2* 与丁酸丁酯、柠檬烯等 17 种植物挥发性气味分子都具有亲和力（Zhou *et al.*, 2015）；甜菜夜蛾 *Spodoptera exigua* 的 *SexiGOBP1* 和 *SexiGOBP2* 都能与β-紫罗兰酮和亚油酸有很好的结合，且 *SexiGOBP2* 与植物挥发物金合欢醇、橙花叔醇、油酸等的结合能力较强（Liu *et al.*, 2014）；斜纹夜蛾的 *SlitGOBP2* 与橙花叔醇、金合欢烯、油酸和 2-十五烷酮等气味挥发物结合能力较强（Liu *et al.*, 2015）；在意大利蜜蜂中，ASP1 可以转运蜂王信息素 HOB 到达嗅觉受体 OR11（Briand *et al.*, 2001; Wanner *et al.*, 2007）。但是，气味结合蛋白并不是简单地被动转运，它们可以识别不同的气味或信息素分子，例如：通过对豌豆蚜 *Acyrthosiphon pisum ApisOBP3*（Qiao *et al.*, 2009）、梨小食心虫 *Grapholita molesta GmolGOBP2*（Li *et al.*, 2016）、淡足侧沟茧蜂 *Microplitis pallidipes MpalOBP8*（杨安, 2019）等的研究证明，OBPs 能够特异性地识别和筛选特定的化学信号，而不只是被动运输。研究发现，OBPs 对配基结合虽然都有广谱性，但与不同分子的结合力不同，气味结合蛋白可以特异识别和转运气味和信息素分子（Wu *et al.*, 2019a）。

（2）协助激活受体

气味结合蛋白可以协助气味分子激活昆虫嗅觉受体，提高嗅觉系统的敏感性。研究表明，昆虫嗅觉受体是一种配体门控离子通道，配基与受体结合后激活信号通路（Sato *et al.*, 2008; Leal, 2013）。迄今为止，ORs 的激活机制提出两个作用模型：第 1 个模型表明气味物质本身单独激活了受体，而第 2 个模型支持 ORs 被特定的 OBP-气味复合物激活的观点（Leal, 2013; 杜亚丽等, 2020）。上述关于蛾类和蚊类的研究支持第一种假设，即气味分子被包裹在 OBPs 的结合腔中，协助其通过感器淋巴液，从而避免被 ODEs 降解；当复合物到达神经元树突区域时，OBPs-配体复合物在较低的 pH 下快速分离，配体以独立的方式激活 ORs（Horst *et al*., 2001）。有研究表明，在 OBPs 缺失的情况下，ORs 可以被其特定配体激活，与该模型完全一致（Nakagawa *et al*., 2005）。OBP76a 是黑腹果蝇中第一个功能明确的气味结合蛋白，对信息素识别十分重要。研究发现，OBP76a 缺失型个体对信息素 Z11-18OAc 没有反应，只有 OBP76a 存在时才能引起神经刺激，说明 OBP76a 能够协助 Z11-18OAc 激活受体（Xu *et al*., 2005）。将家蚕性诱醇 Bombykol 受体 BmorOR1 和 BmorPBP1 在黑腹果蝇的神经元细胞中共表达时，细胞对 Bombykol 的敏感性显著高于单独表达 BmorOR1 时的敏感性（Syed *et al*., 2010）。类似地，二化螟 *C. supressalis* PBPs 与 PRs 共存时，PRs 对信息素的敏感性可提高 4 个数量级（Chang *et al*., 2015）。

（3）缓冲作用

气味结合蛋白依靠结合能力缓冲局部环境中某些分子的快速变化，缓冲作用对昆虫生理具有重要意义（吴帆等，2021）。在昆虫中，一些嗅觉结合蛋白在嗅觉器官中高丰度表达，但并没有转运外源分子的作用（Pelosi *et al*., 2018）。黑腹果蝇触角锥形感受器中 OBP28a 是唯一高丰度表达的气味结合蛋白，敲除后并不影响其嗅觉反应，而是在触角起到缓冲作用，即“增益控制”作用（Larter *et al*., 2016）。进一步研究发现，OBP28a 在触角中缓冲的主要对象是β-紫罗兰酮等多种植物源气味分子，以防止这些物质的反复刺激（Gonzalez *et al*., 2020）。增益控制对于昆虫的任何感受系统都是必不可少的，比如昆虫对温度变化的调节以及昆虫脑中信号通路的调节（Tichy *et al*., 2008; Serrano *et al*., 2013）。在嗅觉系统下游，嗅觉受体神经元也是通过增益控制来调节神经活动，以防止神经系统的持续兴奋并提高嗅觉编码的灵敏度（Gorur-Shandilya *et al*., 2017; Kadakia and Emonet, 2019）。

（4）转运和释放内源信息素

昆虫体内分布很多腺体，部分嗅觉相关蛋白在昆虫腺体中高表达或特异表达，可以协助腺体中的信息素释放。对黑腹果蝇雄成虫的精液研究发现，其中存在 6 种 OBPs，可以结合雄性信息素成分顺式-vaccenyl acetate（Takemori and Yamamoto, 2010）。在棉铃虫雄成虫精液中富含高丰度的 OBP10，其在交配过程中会由雄成虫转移到雌成虫体内，最终会留在受精卵表面（Sun *et al*., 2012）。除了性腺和生殖腺外，膜翅目昆虫的毒液腺中也发现了 OBPs。比如，在寄生蜂 *Leptopilina heterotoma* 和 *Pteromalus puparum* 的毒腺中都发现 OBPs 的存在，可能与毒液分泌有关（Heavner *et al*., 2013; Wang *et al*., 2015）。蛋白质组分析显示意大利蜜蜂毒腺中存在 OBP21，但尚不清楚其功能（Li *et al*., 2013）。在甘蓝夜蛾、小地老虎 Agrotis ipsilon 和埃及伊蚊等的腺体中也发现了 OBPs（Pelosi *et al*., 2014）。因此，OBPs 在信息素合成、储存和释放过程中发挥作用。

（5）发育、修复和组织再生

OBPs 参与到昆虫个体发育，甚至是组织再生。在埃及伊蚊中，*AaegOBP1*、*AaegOBP11*、*AaegOBP13*、*AaegOBP44* 和 *AaegOBP45* 可能与卵膜的形成有关，但具体的调控机制尚不清楚（Amenya *et al*., 2010; Costa-da-Silva *et al*., 2013）。

（6）耐药性作用

昆虫防治面临的主要问题之一就是耐药性，而耐药性产生的一个原因可能与气味结合蛋白有关（吴帆等，2021）。对于小菜蛾 *Plutella xylostella*，用汴氯菊酯处理后其体内 *OBP13* 表达量显著增高，表明 *OBP13* 有助于增强小菜蛾对菊酯类杀虫剂的抗性（Bautista *et al*., 2015）。这些蛋白一方面直接结合农药分子起到抗药性作用，另一方面可能激活下游信号通路调节耐药性产生。目前，研究者只是发现杀虫剂处理后气味结合蛋白表达量增加，但是这些蛋白调控耐药性的机制尚不清楚（Pelosi *et al*., 2018）。

（7）味觉和营养功能

昆虫气味结合蛋白在味觉器官中高表达，可能参与摄食和营养吸收等功能（Sánchez-Gracia *et al*., 2009; 吴帆等，2021）。中华蜜蜂 *Apis cerana* 足中特异性高表达的 *AcerOBP15* 在采集花蜜和花粉时参与味觉识别过程（Du *et al*., 2019）；昆虫 OBPs 可以帮助昆虫摄取疏水性物质，对绿头蝇 *Phormia regina* 研究发现，它们喜食富含脂肪酸的腐肉，但这些脂肪酸不溶于水，而其味觉中的 *PregOBP57a* 可能通过 pH 变化来摄取脂肪酸类物质（Ishida *et al*., 2013）。此外，OBPs 对一些重要的营养物质具有高亲和力，对于黑腹果蝇来说，L-苯丙氨酸和 L-谷氨酰胺是必需氨基酸，其体内分布的 OBP19b 对这些物质具有高亲和力，有利于快速结合和转运这两种氨基酸（Rihani *et al*., 2019）。黑须库蚊 *Culex nigripalpus*（Smartt and Erickson, 2009）和长红锥蝽 *Rhodnius prolixus*（Ribeiro *et al*., 2014）的肠道中发现的 OBPs 可能与营养物质或参与肠道功能的其他小分子物质的转运有关。

1.1.7.3 气味受体

目前研究发现昆虫嗅觉受体可以分为三类：气味受体（Odorant receptors, ORs）、离子型受体（Ionotropic receptors, IRs）和响应二氧化碳或性信息素等的味觉受体（Gustatory receptors, GRs）（图 1.7）。ORs 广泛分布于昆虫嗅觉神经元树突膜上，一般由 400～450 个氨基酸构成（杜立啸等，2016）。与哺乳动物 G 蛋白耦联受体相似，昆虫 ORs 同样具有典型的 7 个跨膜结构域，然而两者却具有相反的拓扑结构，昆虫 ORs 的 C 端位于细胞外，N 端位于细胞内（Benton, 2006）其中 ORs 在昆虫嗅觉行为调控中发挥着非常重要的作用，也是目前昆虫嗅觉研究的重点（Fleischer *et al*., 2018; 李慧等, 2021）。

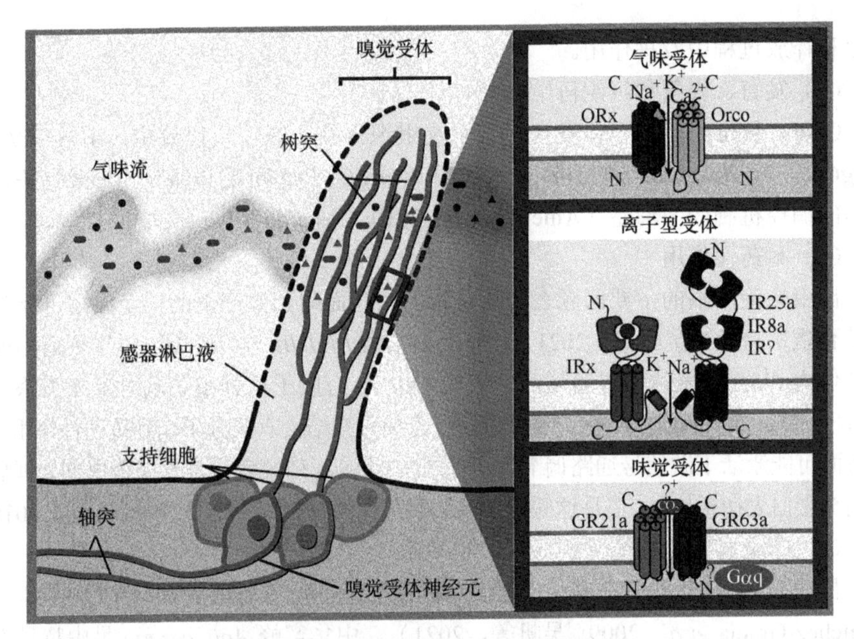

图 1.7　三种嗅觉受体结构模式图（李慧等，2021）

气味受体 ORs 是一种由嗅觉细胞表达的蛋白，能与气味分子结合，属于多基因超家族。ORs 是嗅觉系统中更为核心的元件，具有识别气味分子并向下游传递嗅觉信号的重要作用，其介导的气味分子与嗅觉神经元树突上气味受体的专一性结合是重要的嗅觉识别基础，在决定化学感受的专一性、敏感性及昆虫特定行为的输出方面具有更为重要的作用（Bruce *et al*., 2005）。气味受体主要分为两类：一类为传统气味受体（Conventional Odorant Receptors, ORs），另一类为非典型气味受体（Odorant Receptor Coreceptor, Orco），传统型气味受体又分为普通气味受体（Original Odorant Receptors, OORs）和性信息素气味受体（Pheromone Receptors, PRs），每种昆虫有多个 ORs 和 1 个 Orco。传统气味受体具有识别气味分子的功能，在不同昆虫间的同源性较低且数量上存在较大的差异，这可能与 ORs 参与昆虫生境中气味物质的识别有关；非典型性气味受体在不同昆虫间非典型性气味受体的序列较为保守（Montagné *et al*., 2015; Fleischer *et al*., 2018）。值得注意的是，与 ORs 不同，Orco 不直接参与气味物质的识别，但可以作为非选择性的阳离子通道，同时 Orco 可以提高 ORs 检测气味分子的灵敏度，Orco 和 ORs 一般在同一个 OSNs 中表达，通过保守的 C 末端形成 ORx-Orco 复合体，并构成配体门控离子通道，共同参与昆虫的嗅觉反应（Benton, 2006; Sato *et al*.，2008; Wicher *et al*., 2008）（图 1.8）。不同种类昆虫的非典型气味受体的名称有所不同，黑腹果蝇的非典型气味受体被命名为 Or83b（Larsson *et al*., 2004），鳞翅目的非典型气味受体被命名为 OR2（张逸凡等, 2011）。此外，由于不同昆虫 Orco 之间具有较高的同源性，且这种蛋白仅在昆虫中存在，因此针对昆虫 Orco 开发的药剂，可能对其他非靶标生物不产生危害，是一种理想的广谱杀虫剂（李慧等，2021）。研究昆虫气味受体的功能可为寻找气味配体，开发针对害虫的食物引诱剂和驱避剂、性诱剂以及聚集信息素等奠定理论基础（祁全梅和李秋荣, 2022）。

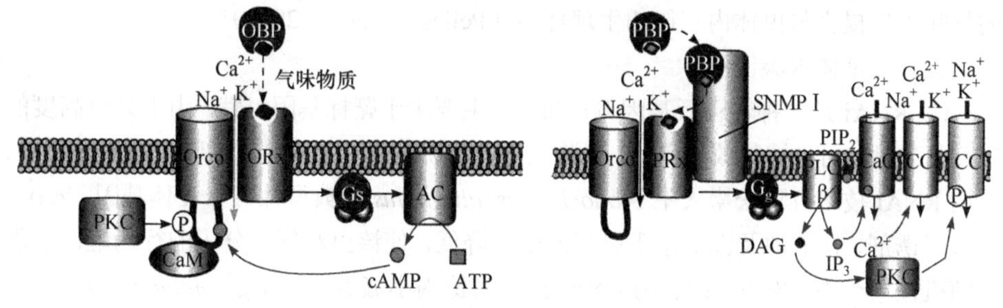

图 1.8 气味受体介导信号转导（李慧等，2021）

研究昆虫 ORs 的气味分子反应谱、ORs-信息化合物-行为三者之间的关系以及 ORs 的具体功能，可以解释昆虫行为产生的分子基础，明确害虫经由 ORs 调控的嗅觉识别分子机制，有助于了解害虫种间以及与寄主植物、天敌之间的通信关系，为开发对害虫有效的食物引诱剂、食物驱避剂或聚集信息素等奠定理论基础，从应用角度看，有助于开发新的防控技术与方法，加快食诱剂、拒食剂和聚集信息素等在害虫防控上的应用步伐。研究 ORs 与挥发性化合物、行为之间的关系，是阐明昆虫对化学信号进行识别的分子机制的一个重要环节，深入探索昆虫嗅觉相关基因的功能，将有助于昆虫嗅觉识别机制的研究，进而通过调节昆虫嗅觉识别过程，控制昆虫相关行为，为害虫的预防和治理提供绿色、安全的新方法，为阐释昆虫行为的产生机理奠定分子基础（祁全梅和李秋荣, 2022）。

研究昆虫气味受体基因的功能，可为深入了解昆虫识别气味分子的嗅觉分子机制提供理论依据。研究昆虫气味受体的功能，可通过测定 ORs 的气味分子反应谱，从中筛选有生物学功能的配体，解析 ORs 配体的方法主要有以下两种。

（1）一是体外验证法，即通过异源细胞表达系统筛选，异源细胞表达系统包括：

① 非洲爪蟾卵母细胞表达系统，是在体外研究昆虫 ORs 基因功能、验证 ORs 基因配体方面的一个较常用、较成功的系统。该技术先在体外合成 ORs 和 Orco 基因的 cRNA，注射到爪蟾卵母细胞中，经过孵育培养，使用双电压电压钳在浴液中记录卵细胞对气味刺激的反应，爪蟾卵母细胞个体大、易培养且利于膜蛋白-ORs 基因表达。

② 其他异源细胞表达系统，主要有草地贪夜蛾 *Spodoptera frugiperda* Sf-9 卵巢细胞表达系统、HEK293 人胚肾细胞表达系统，HEK293 细胞表达系统是一个较为常用的研究外源基因功能的细胞系统，Sf-9 细胞是一种昆虫表达系统的宿主细胞，这两个表达系统类似，将外源 ORs 和 Orco 细胞中共表达后，用不同的气味分子刺

激细胞，通过钙成像系统测得受刺激后细胞内的 Ca^{2+}浓度升高（Fouchier *et al*., 2017）。

③ 果蝇“空神经元”表达系统，通过分子遗传学方法构建 UAS/GAL4 基因异位表达调控系统，可将任何基因在果蝇的特定组织和细胞内表达，利用此种方法建立了果蝇的锥形感器和毛形感器这两种感器的受体神经元缺失品系，可为不同感器中表达的气味受体提供与虫体内相似的生理环境（Pellegrino *et al*., 2010）。

（2）二是体内验证法

① RNAi 是一种转录后基因调控机制，主要用于靶标基因沉默，由于具有高度的序列特异性，而且抑制效果良好，操作简单，周期短，成为基因功能研究的重要工具。利用 RNAi 技术沉默松墨天牛 *Monochamus alternatus* 非典型性气味受体基因 *Orco*，导致引诱剂、松节油及性信息素引起的电位降低，使该虫对气味分子的行为趋向表现为随机性（李杰, 2019）；利用 RNAi 技术将德国小蠊 *Blattella germanica* 的 *Orco* 基因沉默，*B. germanica* 对信息素和食物源的反应同样明显降低（He *et al*., 2021）；如将两种白蚁 *Odontotermes formosanus* 和 *Reticulitermes chinensis* 的 *Orco* 基因沉默后，白蚁感知踪迹信息素的能力显著下降，同时运动速度也有降低，且持续做无规则曲线运动，严重影响白蚁的觅食活动（Gao *et al*., 2020）。

② 新一代基因编辑技术 CRISPR/Cas9 技术基因组编辑是对基因功能进行分析的一种重要的生物学工具，CRISPR/Cas9 基因编辑技术是继 TALEN 基因编辑技术之后又一重大突破，该技术通过 RNA 指导 Cas9 核酸酶对靶向基因进行特定 DNA 编辑，效率更高，Cas9 系统的载体构建与使用也更加便捷，是目前使用广泛的新一代基因编辑技术。利用 CRISPR/Cas9 技术将东亚飞蝗的聚集信息素受体 *LmigOR35* 基因敲除后，东亚飞蝗触角对 *LmigOR35* 的配体 4-乙烯基苯甲醚（4-vinylanisole, 4VA）的电生理反应以及 4VA 对飞蝗的吸引效应显著降低（Guo *et al*., 2020）；当科鲁兹按蚊 *Anopheles coluzzii* 的 *Orco* 基因被敲除后，突变体感知气味物质的能力显著减低，从而对其寻找人类寄主的行为产生了严重的影响（Sun *et al*., 2020）。

研究表明，大多数昆虫 ORs 和气味物质并不是一一对应的，通常一种受体可以被多种配体激活，同样一种配体也可以激活多种气味受体（李慧等，2021）。但也有学者认为试验中使用的气味物质会对 ORs 的配体谱的鉴定存在较大影响，当人们使用更多与配体相关的气味物质时，得出的配体谱会更宽，而当试验的气味物质与配体无关时，则配体谱就会变窄，导致一部分宽调谐气味受体的配体谱可能存在人为的改变（Andersson *et al*, 2015; 李慧等，2021）。在高浓度气味物质刺激下，*D. melanogaster* 和 *A. gambiae* 的气味受体调谐谱要宽于低浓度气味物质刺激下的气味受体调谐谱，导致气味受体的调谐谱被人为扩大（Andersson *et al*, 2015）。

大多数 ORs 可以被多种配体激活，这类 ORs 被称为宽调谐受体，通常是普通气味受体，一般参与食物源、产卵地等的确定。但也存在一些高度特异性的气味受体，仅被一种或几种特定的气味激活，被称为窄调谐受体（李慧等，2021；王鹏和张龙，2021）。许多气味会激活不同的 ORs 组合，形成独特的“编码”（Hallem and Carlson, 2006; Wilson and Mainen, 2006），并在初级嗅觉中枢形成编码（Chou *et al.*, 2010b）。OR 对气味分子的编码特征有 3 个重要原则：

① 组合式编码，即每种气味分子可以激活多个 OR，每个 OR 也可以被多种气味分子所激活；

② OR 决定了嗅觉神经元的反应模式是兴奋还是抑制；

③ 不同 OR 对气味种类的反应范围不同，有的宽，有的窄，例如果蝇 *OR82a* 只能被乙酸香叶酯强烈激活，是典型的窄调节受体，而 *OR67a* 可以被大多数气味强烈激活，是典型的宽调节受体（Hallem *et al.*, 2004; Carey *et al.*, 2010; Carey and Carlson, 2011）。

此外，研究发现，窄调谐受体可以识别与生态相关的气味，并激活专门的神经回路，将信息向神经中枢传递（Andersson *et al.*, 2015）。蛾类信息素受体即是一类典型的窄调谐受体，如草地贪夜蛾 *Spodoptera frugiperda* SfruOR13 对其信息素主要成分 Z9-十四碳烯醇醋酸酯高度敏感，而对次级成分则不敏感（Guo *et al.*, 2020）。窄调谐受体如信息素受体这种对某种信息素成分高度敏感的特性，可以帮助雄性个体准确找到同种雌性个体，进行交配，繁衍后代，对种群延续具有重要意义。

明确气味受体的配体特异性和介导信号转导的分子机制有利于开发具有全新作用靶标位点的杀虫剂，破坏气味分子和气味受体的结合，从而对昆虫的寻偶和交配行为产生巨大的影响，为害虫绿色防控提供新的防治策略（李慧等，2021）。例如，根据对蚊虫 ORs 功能的研究，人们已经筛选出多种引诱物质和趋避物质。*A. gambiae* 的 *AgOR2* 能够特异性识别吲哚，*AgOR8* 可以特异性识别 1-辛烯-3 醇，*AgOR65* 对 2-乙基苯酚反应强烈，这些引诱物质均可用于蚊虫诱杀；两种趋避物质酰基哌啶和羧酰胺，也已经在体外试验中被证实可以有效抑制 *A. gambiaede* 的 ORs，而趋避剂 VUAA1 能够作用于 ORx-Orco 二聚体，使蚊虫丧失部分嗅觉能力，干扰蚊虫搜寻寄主（谷真毓等, 2020）。因此，深入研究气味受体基因的功能，阐明昆虫觅食、交尾和产卵等的嗅觉行为反应分子机理，并将其与传统的化学生态学、行为学相结合，有助于从分子生物学角度解释气味受体基因在昆虫定位寄主植物、寻找交尾对象及产卵场所等行为过程中发挥的重要作用，进一步了解昆虫一系列行为产生的机制机理，同时也可为研发绿色、高效的食物引诱剂和、驱避剂、性信息素引诱剂及聚集信息素等行为调控剂提供理论依据和技术支持（祁全梅和李秋荣, 2022）。

1.1.7.4 橘小实蝇嗅觉反应行为

橘小实蝇的化学生态学是非常复杂的，其对性信息素、寄主植物和非寄主植物挥发物均有行为反应（Jang *et al*., 1997），植物挥发物在调控橘小实蝇觅食和产卵等生命活动中起重要作用，可作为潜在引诱物质监控和防治橘小实蝇（Jang, 2002）。目前已发现橘小实蝇成虫对芒果、柑橘、番石榴、杨桃等寄主植物的挥发物α-蒎烯、α-法呢烯、β-石竹烯、γ-辛内酯、香茅醛、月桂烯等表现在强烈的触角电位反应（涂蓉等, 2013; Zhang and Wang, 2016）。热带水果榄仁果实的乙醇提取物对橘小实蝇雌成虫有较强的引诱作用（Siderhurst and Jang, 2006b）。榴梿果肉挥发物也能显著引诱橘小实蝇雄成虫（莫如江等, 2014），而 *Caltex Lovis* 夏用油对橘小实蝇产卵拒避效果显著（欧阳革成等, 2008）。

从植物挥发物刺激到昆虫产生应激行为反应，昆虫的嗅觉传导涉及气味分子的捕获、结合、运输和失活等过程（Hallem *et al*., 2006; Sato *et al*., 2008; Siciliano *et al*., 2014）。橘小实蝇的嗅觉系统是非常复杂和敏感的，其嗅觉相关蛋白基因的鉴定及功能解析有助于掌握橘小实蝇嗅觉识别的分子机理。目前已从成虫触角中成功鉴定了约 31 种 OBPs、5 种 CSPs、50 种 ORs、1 个 Orco、14 种 IRs 和 4 种 SNMPs（Zheng *et al*., 2013; Wu *et al*., 2015; Liu *et al*., 2016b），随着橘小实蝇基因组的绘制成功，越来越多的嗅觉基因将被鉴定出来。这些嗅觉基因广泛参与橘小实蝇识别外界环境中化学信息素的过程，例如，Orco 参与拒食剂闹羊花素-III（Rhodojaponin-III）和驱避剂香茅醛的识别过程，进而诱导雌成虫产生产卵趋避反应行为（Yi *et al*., 2014a）；CSP2 也被证明参与识别闹羊花素-III 的过程（Yi *et al*., 2014b）。荧光竞争试验表明，OBP2 与寄主水果气味物质反-2-己烯醛和 β-紫罗兰酮亲和力最强（陈玲等, 2013）。随后，Jayanthi *et al*.（2014）通过分子对接和分子动力学模拟试验研究了 25 种信息化合物与橘小实蝇 GOBP 的结合能力，筛选得到了对橘小实蝇有引诱作用的气味分子。RNAi 沉默 *OBP83a-2* 基因表达量显著降低了橘小实蝇成虫定位化学引诱剂的能力（Wu *et al*., 2016）。沉默 *OBP99a* 不仅显著降低了橘小实蝇雌成虫的产卵量，而且降低了雄成虫的交配能力（Zhang *et al*., 2018）。

以上研究结果可为高效地开发和设计橘小实蝇的嗅觉引诱剂、交配和产卵行为干扰剂配方提供一定的理论依据和参考。随着未来研究的深入，越来越多的嗅觉分子靶标将会被筛选出来，为研发高效、专一的信息化合物对橘小实蝇的行为反应进行化学通信调控提供了科学依据。

1.2 应用甲基丁香酚防控橘小实蝇的研究进展

害虫行为调控的方法已沿用了很久，其中一种有效的方法是引诱剂的应用，引诱剂能引诱害虫、保护靶标作物免受其为害，同时又保护天敌昆虫资源。在橘小实蝇的防治中，化学防治方法研究较多，但对这类钻蛀性害虫的防治效果并不理想，而且过度依赖化学防治会造成害虫抗药性增加、污染果品和生态环境（Hsu and Feng, 2000; Hsu *et al*., 2004, 2011; 潘志萍等, 2008; Jin *et al*., 2011; Vontas *et al*., 2011; 李培征等, 2012; 陈朗杰等, 2015; Zhang *et al*., 2015）；生物防治如利用寄生蜂防控橘小实蝇已取得了良好的成效，但其成本较高，且防效滞后（Vargas *et al*., 2007; 吕增印等, 2007; Luo and Zeng, 2010; 章玉苹等, 2010; Zhao *et al*., 2013a; 龙秀珍等, 2014）。目前，国内外主要采用引诱剂对橘小实蝇的种群动态进行监测与防控，其有效成分为甲基丁香酚（Methyl eugenol，ME）（陆永跃等, 2006; Shen *et al*., 2012; Vargas and Prokopy, 2006; Lin *et al*., 2012; Jayanthi *et al*., 2012；Shelly, 2016）。ME 是一类苯基丙烷化合物，目前已至少在 10 个科的植物中发现该化合物（Metcalf, 1990; 江婷婷等, 2010）。

本书作者对国内外应用 ME 为引诱剂对橘小实蝇生态防控的研究进展、存在的科研问题等进行了综述，旨在为橘小实蝇的绿色持效防治提供参考。

1.2.1 甲基丁香酚引诱橘小实蝇雄成虫的生理学基础

实蝇科多种实蝇雌、雄成虫有多重交配的习性，ME 被雄成虫摄取作为性信息素的前体，以此增加雄成虫的性活力和性能力（Wee *et al*., 2002; Shelly *et al*., 2010; Obra and Resilva, 2013; Haq *et al*., 2014）。橘小实蝇雄成虫在求偶时，迅速煽动前翅发出高音频的嗡嗡声，同时后足在腹上方不断运动，取食过 ME 的雄成虫煽动前翅的比例明显比未取食的高，更能吸引雌成虫前来交配，交配竞争能力增强，表现出明显的交配优势（Shelly and Dewire, 1994; Shelly and Nishida, 2004），多次交配的雌成虫的单次产卵量显著高于仅交配一次的雌成虫（Shelly, 2000a）。Shelly（2000b）用含有 ME 的阿勃勒花来喂养橘小实蝇幼虫，发现采用该花喂养后的橘小实蝇雄成虫的交配能力明显强于未用花喂养的种群。在研究 ME 对橘小实蝇成虫的引诱作用时发现，ME 对橘小实蝇的引诱作用并不是基于雄成虫对营养的需要，但它又与化学过程有区别，ME 是通过类似激素的作用特点引诱橘小实蝇（Shelly, 2001）。实蝇科性成熟雄成虫取食 ME 后将其迅速转化为不同的代谢产物，主要为 2-allyl-4,5-dimethoxyphenol（DMP）、（Z）-3,4-dimethoxycinnamyl alcohol（Z-DMC）、Z-coniferyl alcohol（Z-CF）和 E-coniferyl alcohol（E-CF）四种化合物（图 1.9），其中 Z-CF 和 E-CF 为 Coniferyl alcohol 的顺反异构体。橘小实蝇雄成虫取食 ME 后将其代谢转化为 2-烯丙基-4,5-甲氧基-芍药醇[2-（2-propenyl）-4,5-dimethoxyphenol]和松反式松柏醇（*E*-coniferyl alcohol）储存在直肠腺内，在求偶交配时利用这些物质转化后的信息素功能物质吸引雌成虫前来交配，增加雄成虫的交配竞争能力（Nishida *et al*., 1988; Shelly and Nishida, 2004; Khrimian *et al*., 2006; Hee and Tan, 2005, 2006; Orankanok *et al*., 2013）。虽然 ME 对性成熟的雄成虫具有强烈的引诱作用，引诱效果明显且持效期长，但作为一种性外激素（Paraphermones herein）对未性成熟的雄成虫却无明显的引诱作用（梁光红等, 2003; 孙阳等, 2008; Satarkar *et al*., 2009; Shelly *et al*., 1997）。

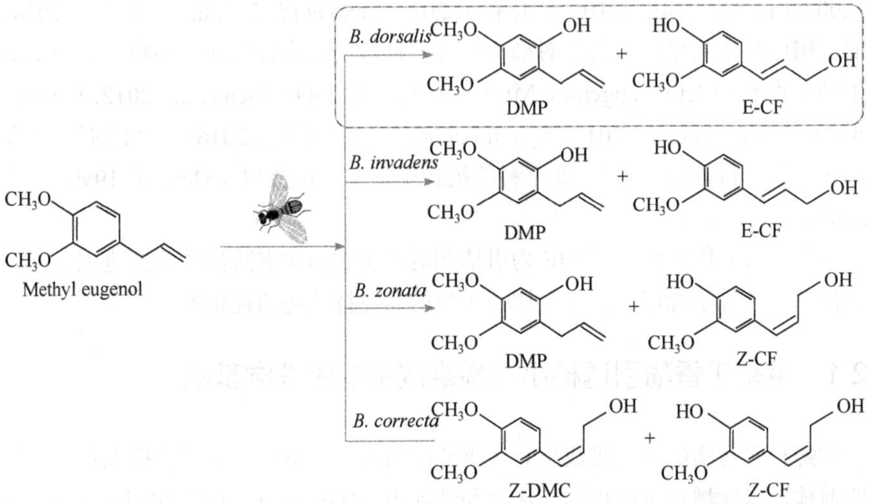

图 1.9　甲基丁香酚在橘小实蝇、入侵果实蝇、桃实蝇、番石榴实蝇雄成虫体内的代谢产物

注：图中方框内为橘小实蝇雄成虫代谢 ME 的产物，DMP：2-allyl-4,5-dimethoxyphenol；E-CF：E-coniferyl alcohol；Z-CF：Z-coniferyl alcohol；Z-DMC：（Z）-3,4-dimethoxycinnamyl alcohol

1.2.2　甲基丁香酚诱捕橘小实蝇影响因素及田间应用

温度和光照强度能显著影响橘小实蝇雄成虫对 ME 的趋性。18～40℃温度范围内橘小实蝇对 ME 趋性活动活跃，其中以 25～32℃最为活跃，500～2000lx 光照强度时橘小实蝇对 ME 的趋性反应最为活跃；当温度低于 14℃或高于 40℃、光照强度低于 150lx 或高于 3000lx 时，橘小实蝇对 ME 趋性能力显著下降（李周文婷等, 2010）。风洞试验研究表明，在一天中的不同时间段橘小实蝇雄成虫对 ME 的趋性程度不同，早上趋性最强，中午次之，晚上最弱，触角电位 EAG 检测也证明了橘小实蝇雄成虫对 ME 的最高反应值出现在 9:00-10:00 和 15:00-16:00（杜迎刚等, 2015）。性成熟程度的不同导致雄成虫对 ME 趋性有所差异，羽化 1～5d 性未成熟雄成虫对 ME 几乎没有趋性，羽化 15d 性成熟雄成虫对 ME 趋性最强，羽化 25～30d 雄成虫对 ME 仍有较强的趋性（Karunaratne and Karunaratne, 2012）。

诱捕器的颜色和种类、诱芯材质、ME 使用剂量对诱捕橘小实蝇数量均有影响。透明诱捕器的诱虫数量显著高于黄色、红色、蓝色或绿色诱捕器的诱虫数量，涡旋式诱捕器和纤维板诱芯组合诱杀效果最好，橘小实蝇的诱捕量也随 ME 剂量的增加而增加（蔡波等, 2013）。此外，田间诱集监测位置的选择和 ME 的添加方式对橘小实蝇雄成虫的诱捕效果有重要影响，诱集监测点应包括果园内和果园外，选择较大且环境复杂的区域作为监测点可获得更明确的年发生动态规律；采用分期分批、多次添加 ME 的方式监测橘小实蝇雄成虫动态，可消除因监测区域内所有诱瓶同一时间添加性引诱剂而造成的浓度突变所引起的成虫出现干扰性高峰，从而确保虫情监测结果的准确性（陆永跃等, 2006）。

在 ME 中添加不同成分的引诱物、化学药剂或填充物，可发挥显著的增效作用。香茅油、甜橙香精和甲基丁香酚按 2.5∶47.5∶50 比例混配时引诱效果最好，引诱到雌成虫占总虫数的 5.36%（吴华等, 2004）。当 ME 与糖酒醋液[糖∶酒∶醋∶水=76∶152∶53∶760（g/L）]混合后对性成熟的雄成虫的引诱效果要显著强于单独使用 ME 的诱杀效果（孙文等, 2009）。ME 与水解蛋白混合马拉硫磷置于专用诱捕器对橘小实蝇进行田间诱杀也具有良好效果（Vargas and Prokopy, 2006）。ME 与吡虫啉、啶虫脒、敌敌畏按一定体积混配，对橘小实蝇诱杀效果显著（Chuang and Hou, 2008）。此外，将活性炭与引诱剂混合，采用 5～10 孔型诱芯瓶不仅可减少 ME 的挥发浪费，可将其持效期延长近 40d，同时还增加了诱杀虫量（薛超等, 2015）。值得注意的是，田间化学杀虫剂频繁使用会对橘小实蝇种群对 ME 的趋性产生明显的负面影响，研究发现低剂量阿维菌素处理后橘小实蝇雄成虫对 ME 趋性降低（李周文婷等, 2011）。因此，需要合理协调引诱剂与农药的使用策略和方法，以达到监测结果更准确和防治效果更好的目的。

1.2.3 甲基丁香酚衍生化合物

美国卫生与公众服务部（US Department of Health and Human Services）曾于 1998 年和 2002 年发表声明指出 ME 是一种致癌物质（National Toxicology Program, 1998, 2002）（Khrimian *et al*., 2009; Jang *et al*., 2011）。研究表明，ME 的代谢产物 1'-羟基代谢物（1′-hydroxy metabolites）对小鼠肝细胞有致死作用，田间长期使用必然会对人类健康造成威胁（Miller *et al*., 1983; Schiestl *et al*., 1989; Shelly, 1997; Smith *et al*., 2002; Khrimian *et al*., 2006）。因此，寻找 ME 的替代物成为研究的热点，研究者将 ME 侧链通过化学方法添加单一氟元子改变其构造能显著降低其毒性，但该物质[(*E*)-1,2-二甲氧基-4-(3-氟-2-丙烯基)苯][(*E*)-1,2-dimethoxy-4-（3-fluoro-2-propenyl）benzene]对橘小实蝇的田间引诱作用明显降低（Khrimian *et al*., 1994, 2006;

Liquido *et al*., 1998）。Khrimian 等（2009）合成新的 ME 氟化衍生物 1,2-二甲氧基-4-氟-5-（2-丙烯基）苯[1,2-dimethoxy-4-fluoro-5-（2-propenyl）benzene]，发现该物质对橘小实蝇的毒性降低、体内代谢速度加快，但对橘小实蝇雄成虫有引诱效果一般。随后，研究者将 2 个氟元子同时合成到 ME 结构的碳骨架上，得到 1-氟-4,5-二甲氧基-2-（3,3-二氟-2-丙烯基）[1-fluoro-4,5-dimethoxy-2-（3,3-difluoro-2-propenyl）benzene] 苯和 1-氟-4,5-二甲氧基-2-（3-氟-2-丙烯基）[1-fluoro-4,5-dimethoxy-2-（3-fluoro-2-propenyl）benzene]苯两种新的化合物，室内试验表明这两种化合物对橘小实蝇雄成虫引诱作用较强，但田间诱杀作用较差，且生产制备工艺复杂、生产成本较高（Jang *et al*., 2011）。此外，ME 氟化衍生物对非靶标昆虫也表现出明显的引诱性，其田间应用的生物安全性仍需进一步研究评估（Dowell and Jang, 2016）。

1.2.4 需解决的科学问题

ME 诱杀法是一种经济、高效的防治橘小实蝇措施，目前是国内外研究的热点，但随着橘小实蝇的猖獗，ME 诱杀防治也存在明显的不足之处。首先，ME 被认为是一种致癌物质，不适合田间长期使用（Miller *et al*., 1983; Shelly, 1997; Smith *et al*., 2002; Khrimian *et al*., 2009）。其次，Shelly（1997）曾报道将对 ME 有趋性的雄成虫去除，将无趋性雄成虫作为雄性亲本与雌成虫交配、繁殖，依次逐代筛选至 12 代，每代雄成虫中对 ME 无趋性个体数量迅速增加，且稳定保持在 22%～32%之间。随后，郭庆亮等（2010）也发现剔除每世代对 ME 有趋性的雄成虫后，繁育出的后代雄成虫中对 ME 无趋性比例增加，虽只能增加至 30%左右，但经过 ME 筛选的雄成虫被 ME 诱集捕获的概率会大幅降低，同时其交配竞争能力与野生雄成虫没有差异，仍能满足与雌成虫交配并大量繁殖后代。Zheng *et al*.（2012）发现用 ME 引诱橘小实蝇雄成虫时，大部分雄成虫在 3h 内被诱集，但诱集 24h 后仍有 10%左右的群体对 ME 无趋向反应。此外，ME 仅能诱捕到性成熟的橘小实蝇雄成虫，但对未性成熟的雄成虫和雌成虫没有引诱作用。长时间、大面积使用 ME 诱杀田间雄成虫，必然会改变橘小实蝇田间种群对 ME 有、无趋性雄成虫的比例，从而改变其种群结构，导致 ME 灭雄效果变差，从而影响 ME 诱集器监测橘小实蝇种群动态数据的准确性。因此，开发新型、对环境无害的橘小实蝇引诱剂迫在眉睫。

目前，ME 与橘小实蝇的研究进展主要集中在：

① 影响 ME 引诱橘小实蝇效率的环境因素（李周文婷等, 2010, 2011）；

② ME 提高橘小实蝇雄成虫交配竞争能力的生理机制（Shelly and Dewire, 1994; Shelly and Nishida, 2004）；

③ ME 在橘小实蝇体内的分解代谢通路（Hee and Tan, 2004, 2005, 2006）；

④ ME衍生化合物的合成工艺及引诱效果评价（Liquido *et al.*, 1998; Khrimian *et al.*, 1994, 2006，2009; Jang, *et al.*, 2011; Dowell and Jang, 2016）。

但关于ME引诱橘小实蝇的分子机制鲜有报道。

研究气味分子在害虫触角内的转运通路，筛选气味分子的作用靶标嗅觉基因，进而阐明害虫感受化学信号的分子机制，可以为设计和开发基于嗅觉的害虫高效行为调控技术提供靶标基因和理论指导。目前，仅发现OBP83a-2和Orco参与橘小实蝇雄成虫识别ME的过程（Zheng *et al.*, 2012; Wu *et al.*, 2016），但橘小实蝇的嗅觉系统是非常复杂的，至今仍无法清晰地完全阐明ME气味分子在橘小实蝇雄成虫触角中作用的靶标嗅觉蛋白和转运分子路径。研究ME对橘小实蝇的引诱分子机理，可为阐明橘小实蝇特异性识别气味分子机制提供科学依据，也可为以ME为模板或以ME气味分子作用的嗅觉基因为靶标研发新型引诱剂提供理论支撑，同时也可为研发雌成虫引诱剂提供借鉴和参考。本研究以此重要的科学问题为切入点，拟利用蛋白质组学、转录组学及相关生物分子学技术对ME引诱橘小实蝇性成熟雄成虫的分子机理开展研究。

1.3 研究目的和研究思路

1.3.1 研究目的

研究ME气味分子的作用靶标嗅觉相关蛋白，有利于揭示ME气味分子在橘小实蝇雄成虫触角内的转运通路，进而阐明ME引诱橘小实蝇雄成虫的分子机理，为设计和开发基于嗅觉的橘小实蝇高效行为调控技术提供靶标基因和理论指导。

1.3.2 研究思路

本研究主要通过蛋白质组学、转录组学等系统生物学技术以及荧光定量PCR、分子克隆、非洲爪蟾卵母细胞的体外表达、双电极电压钳记录、RNA干扰及行为学等方法研究橘小实蝇靶标嗅觉基因的功能。主要研究内容如下：

① 应用iTRAQ相对和绝对定量同位素标记技术分析、鉴定对ME有趋性和无趋性橘小实蝇性成熟雄成虫的触角差异蛋白质组学；同时，利用RNA-Seq测序技术对ME处理和MO处理的橘小实蝇性成熟雄成虫触角进行转录组分析，筛选、鉴定差异表达基因；

② 应用qRT-PCR技术对显著性差异表达的嗅觉相关蛋白在mRNA水平进行的

表达量进行验证；

③ 通过构建系统发育树，对筛选的气味结合蛋白 OBPs 和气味受体 ORs 基因进行比较分析；

④ 研究橘小实蝇成虫的性别、羽化日龄及日节律对其趋向 ME 能力的影响，以及对靶标气味结合蛋白 OBPs 和气味受体 ORs 基因表达量的影响；

⑤ 利用爪蟾卵母细胞-双电极电压钳系统研究气味受体 ORs 的基因功能；

⑥ 利用 RNAi 技术对靶标气味结合蛋白 OBPs 和气味受体 ORs 基因进行沉默，结合 qRT-PCR 表达量分析及行为学试验验证靶标嗅觉基因功能。

1.4 研究技术路线

研究技术路线如图 1.10 所示。

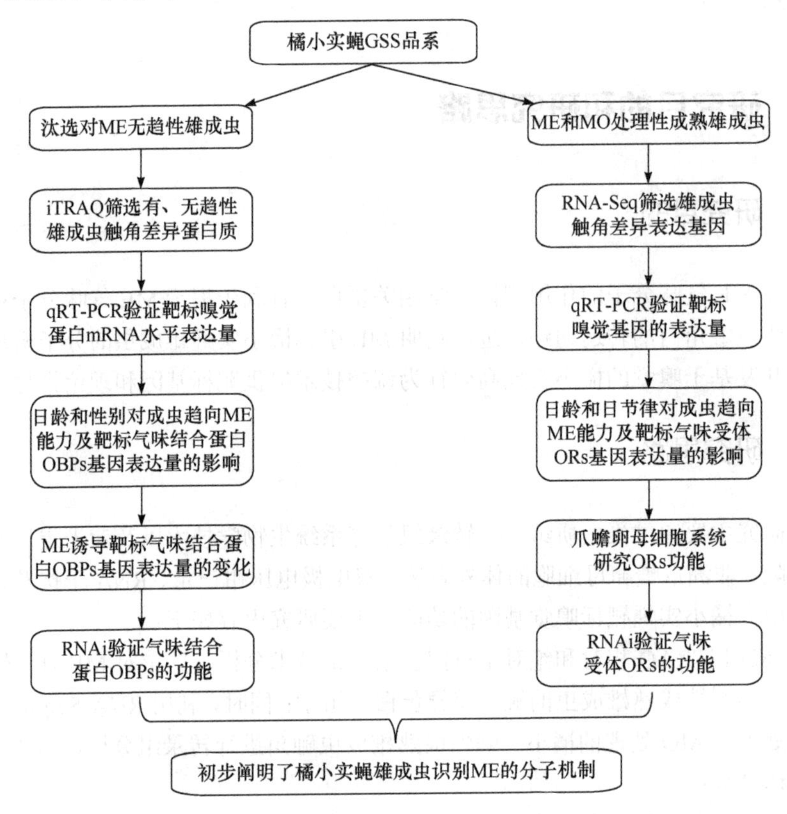

图 1.10 甲基丁香酚引诱橘小实蝇雄成虫分子机理的研究技术路线图

参考文献

蔡波，林明光，张艳，等. 不同诱捕器和诱芯对橘小实蝇诱捕效果的比较[J]. 植物检疫，2013, 27(6): 64-68.

陈海燕，林珠凤，秦双，等. 不同颜色粘板及4种实蝇类害虫粘板诱捕橘小实蝇成虫效果的评价[J]. 中国热带农业，2018(1): 43-44.

陈景辉，黄茂进，林岳生，等. 橘小实蝇成虫诱杀试验初报[J]. 华东昆虫学报，2003, 12(2): 104-106.

陈景芸，蔡平，张国彪，等. 橘小实蝇发生与综合防治研究进展[J]. 安徽农业科学，2011, 39(28): 17324-17326.

陈朗杰，刘昕，吴善俊，等. 橘小实蝇抗敌百虫品系的实验种群生物学比较研究[J]. 昆虫学报，2015, 58(8): 864-871.

陈连根，朱春刚，夏希纳. 上海地区橘小实蝇生物学特性初步研究[J]. 上海农业学报，2010, 26(1): 99-101.

陈玲，李红亮，周宇翔，等. 橘小实蝇气味结合蛋白BdorOBP2的cDNA克隆、组织表达及配基结合特性[J]. 昆虫学报，2013, 56(6): 612-621.

陈鹏，叶辉，母其爱. 基于荧光标记的怒江流域橘小实蝇*Bactrocera dorsalis*的迁移扩散[J]. 生态学报，2007, 27(6): 2468-2476.

杜立啸，刘杨，王桂荣. 昆虫外周嗅觉系统信号转导机制研究进展[J]. 中国科学:生命科学，2016, 46(05): 573-583.

杜亚丽，徐凯，赵慧婷，等. 昆虫气味结合蛋白的研究进展[J]. 昆虫学报，2020, 63(03): 365-380.

杜迎刚，季清娥，赖钟雄，等. 3种实蝇对甲基丁香酚和诱蝇酮的触角电位反应[J]. 森林与环境学报，2015(3): 279-283.

谷真毓，赵腾，李春晓. 蚊虫气味结合蛋白和气味受体研究进展[J]. 中国寄生虫学与寄生虫病杂志，2020, 38(06): 753-757.

郭峰. 橘小实蝇绿色防控技术研究[D]. 贵州大学，2020.

郭庆亮，杨春花，陈家骅，等. 对甲基丁香酚无趋性的橘小实蝇遗传性别品系雄虫的筛选[J]. 热带作物学报，2010, 31(5): 845-848.

郭腾达，宫庆涛，叶保华，等. 橘小实蝇的国内研究进展[J]. 落叶果树，2019, 51(1): 43-46.

郭晓洁，陈炳翰，杨云惠，等. 斜纹夜蛾普通气味结合蛋白基因 *SlitGOBP2* 的时空表达分析[J]. 南方农业学报，2018, 49(10): 1970-1974.

侯柏华，张润杰. 橘小实蝇不同发育阶段过冷却点的测定[J]. 昆虫学报，2007, 50(6): 638-643.

胡黎明，曾玲，申建梅，等. 香茅精油对橘小实蝇产卵驱避作用及其化学成分分析[J]. 环境昆虫学报，2012, 34(02): 249-253.

黄广振. 小地老虎普通气味结合蛋白GOBP1和GOBP2的表达及功能分化研究[D]. 河北农业大学，2019.

黄素青，韩日畴. 橘小实蝇的研究进展[J]. 昆虫知识，2005, 42(5): 479-484.

黄天培，潘洁茹，黄张敏，等. 苏云金芽胞杆菌WB9菌株*cry2Ac4*基因的克隆及表达[J]. 农业生物技术学报，2008, 2: 341-345.

江婷婷，周湾，孟幼青，等. 甲基丁香酚对橘小实蝇雄虫寿命、交配及雌虫繁殖的影响[J]. 中国生物防治学报，2010, 26(4): 409-414.

金思明，范晓惠，汪文俊，等. 东方果实蝇在安徽省的分布及生物学特性调查研究[J]. 安徽农学通报，2013, 19(7) : 44-47.

匡石滋, 田世尧, 曾杨, 等. 黄板诱杀技术在防治橘小实蝇成虫中的应用研究[J]. 广东农业科学, 2009(10): 105-106.
雷艳梅, 廖冬晴, 黄树长, 等. 广西番石榴园橘小实蝇发生情况调查及套袋防治试验[J]. 病虫防治, 2007, 2: 50-51.
李柏树, 詹国平, 王跃进, 等. 橘小实蝇、木瓜实蝇和番石榴实蝇耐热性的热动力学分析[J]. 昆虫学报, 2013, 56(12): 1404-1412.
李广伟, 陈秀琳, 尚天翠. 光肩星天牛气味结合蛋白 AglaOBP12 的基因克隆、表达及配体结合特征[J]. 昆虫学报, 2017, 60(10): 1141-1154.
李红旭, 叶辉, 吕军. 橘小实蝇在云南的危害与分布[J]. 云南大学学报(自然科学版), 2000, 22(6): 473-475.
李慧, 洪习文, 张智毅, 等. 昆虫嗅觉受体及其介导的信号转导机制研究进展[J]. 应用昆虫学报, 2021, 58(04): 795-809.
李杰. 松墨天牛嗅觉受体 Orco 基因挖掘及其功能验证[D].福建农林大学, 2019.
李培征, 陆永跃, 梁广文, 等. 橘小实蝇对多杀霉素的抗药性风险评估 [J]. 环境昆虫学报, 2012, 34(4): 447-451.
李夕英, 谭济才, 宋东宝, 等. 橘小实蝇的寄生蜂及其应用[J]. 生物灾害科学, 2012, 35(1): 12-17.
李智伟, 刘家莉, 熊婷, 等. 芦荟提取物对橘小实蝇产卵驱避活性研究[J]. 应用昆虫学报, 2017, 54(03): 468-474.
李周文婷, 梁广文, 曾玲, 等. 低剂量阿维菌素处理后橘小实蝇雄虫对甲基丁香酚的趋性[J]. 中国南方果树, 2011, 40(4): 55-56.
李周文婷, 曾玲, 梁广文, 等. 不同温度和光照强度甲基丁香酚对橘小实蝇雄虫的诱捕率[J]. 环境昆虫学报, 2010, 32(3): 363-368.
梁帆, 梁广勤, 赵菊鹏, 等. 广州地区橘小实蝇的发生与综合防治关键措施[J]. 广东农业科学, 2008, 3: 58-61.
梁光红, 陈家骅. 橘小实蝇寄生蜂切割潜蝇茧蜂的人工繁殖技术[J].华东昆虫学报, 2006, 2: 107-111.
梁光红, 陈家骅, 杨建全, 等. 橘小实蝇国内研究概况[J]. 生物安全学报, 2003, 12(2): 90-98.
梁广勤, 梁帆, 吴佳教, 等. 橘小实蝇不育处理试验研究初报[J].江西农业大学学报, 2003, 6: 904-905.
林海清, 刘少明, 欧阳革成, 等. 非寄主植物提取物对橘小实蝇的产卵拒避作用[J]. 环境昆虫学报, 2008, 3: 224-228.
林嘉, 杨德庆, 郝旭兴, 等. 实蝇引诱剂研究进展[J].环境昆虫学报, 2021, 43(06): 1398-1407.
林进添, 曾玲, 梁广文, 等. 病原线虫对橘小实蝇种群的控制作用[J]. 昆虫学报, 2005, 5: 736-741.
林进添, 曾玲, 陆永跃, 等. 橘小实蝇的生物学特性及防治研究进展[J]. 仲恺农业工程学院学报, 2004, 17(1): 60-67.
林来金. 闽南杨桃园橘小实蝇绿色防控技术及其示范应用成效[J]. 现代农业科技, 2015(09): 141-142.
林晓, 沈鸣, 季清娥. 橘小实蝇白蛹品系的建立[J]. 福建农业科技, 2007, 3: 47-48.
林玉英, 金涛, 曾玲, 等. 3 种杀虫剂对不同密度、日龄和性别橘小实蝇成虫的毒力[J]. 环境昆虫学报, 2014, 36(05): 737-743.

刘爱勤, 利波. 海南岛莲雾橘小实蝇的发生与防治[J].中国南方果树, 2007, 36(4): 45-46.
刘建宏, 叶辉. 光照、温度和湿度对橘小实蝇飞翔活动的影响[J]. 昆虫知识, 2006, 2: 211-214.
刘奎, 钟义海, 符悦冠, 等. 常用杀虫剂对橘小实蝇化蛹和成虫存活的影响[J]. 中国南方果树, 2010, 39(05): 38-40.
龙秀珍, 陈科伟, 冼继东, 等. 前裂长管茧蜂低温储存技术的研究[J]. 环境昆虫学报, 2014, 36(1): 115-121.
陆永跃, 曾玲, 梁广文, 等. 对性引诱剂监测橘小实蝇雄成虫技术的改进[J]. 应用昆虫学报, 2006, 43(1): 123-126.
吕增印, 黄居昌, 季清娥, 等. 布氏潜蝇茧蜂对橘小实蝇幼虫寄生作用的研究[J]. 生物安全学报, 2007, 16(3):212-215.
毛红彦, 丁华锋, 焦永吉, 等. 2013—2017 年河南省南亚果实蝇种群动态监测[J]. 植物检疫, 2020, 34(1): 82-84.
孟翔, 胡俊杰, 刘慧, 等. 荔枝蒂蛀虫转录组及嗅觉相关基因分析[J]. 昆虫学报, 2016, 59(08): 823-830.
莫晟琼, 劳恒, 韦泉, 等. 青丝鸟对柑橘小实蝇的田间防治效果[J]. 广西植保, 2021, 34(1): 8-9.
莫如江, 欧阳倩, 钟宝儿, 等. 榴梿果肉挥发物对橘小实蝇雄虫的引诱作用[J]. 应用昆虫学报, 2014, 51(5): 1336-1342.
牛东升, 李树和, 董丽君. 橘小实蝇洛阳种群对毒死蜱的敏感性研究[J].中国植保导刊, 2017, 37(07): 74-76.
欧阳革成, 杨悦屏, 梁广文, 等. 矿物油乳剂作用下橘小实蝇的产卵拒避及触角电位反应[J]. 昆虫学报, 2008, 51(4): 390-394.
潘志萍, 李敦松, 黄少华, 等. 球孢白僵菌对橘小实蝇致病力的测定[J]. 华中农业大学学报, 2006, 5: 518-519.
潘志萍, 陆永跃, 曾玲, 等. 橘小实蝇实验种群对敌百虫、高效氯氰菊酯和阿维菌素的抗性增长规律[J]. 昆虫学报, 2008, 51(6): 609-617.
祁全梅, 李秋荣. 昆虫气味受体研究进展[J]. 广东农业科学, 2022, 49(01): 111-120.
任璐, 陆永跃, 曾玲. 橘小实蝇自然种群蛹和越冬成虫的耐寒性[J]. 昆虫学报, 2007, 50(6): 588-596.
邵屯, 刘春燕, 陈科伟, 等. 橘小实蝇及其寄生性天敌——前裂长管茧蜂饲养方法[J]. 环境昆虫学报, 2008, 30(04): 377-380.
苏冉冉, 易小龙, 刘吉敏, 等. 橘小实蝇天敌种类及其应用研究进展[J]. 应用昆虫学报, 2021, 58(05): 1026-1037.
孙文, 伍苏然, 袁盛勇, 等. 糖酒醋液对甲基丁香酚引诱橘小实蝇成虫效果的影响[J]. 云南农业大学学报:自然科学版, 2009, 24(6): 809-813.
孙阳, 张淑颖. 甲基丁香酚挥发物对橘小实蝇成虫的引诱作用[J]. 安徽农业科学, 2008, 36(20): 8685-8687.
涂蓉, 季清娥, 杨建全, 等. 木瓜挥发物的分析及其对橘小实蝇的触角电位反应[J]. 福建林学院学报, 2013, 33(1):78-81.
王波, 黄居昌, 季清娥, 等. 酶解啤酒废酵母生产橘小实蝇蛋白饵剂的研究[J]. 江西农业大学学报, 2010a, 32(2): 299-302.
王涤非. 橘小实蝇危害区域北移的原因及防控对策[J].中国果树, 2019, 3: 102-104.
王俊涛, 许广敏. 豫北地区桃树几种常见虫害的防治[J]. 果农之友, 2020, 6(23): 22-23.

王美兰. 博罗县推广防控橘小实蝇的对策措施[J]. 广东农业科学, 2008(10): 70-71.
王蒙, 徐浪, 张润杰, 等. 基于线粒体 COI 基因的橘小实蝇种群遗传分化研究[J]. 昆虫学报, 2014, 57(12): 1424-1438.
王鹏, 张龙. 植食性昆虫的嗅觉选食过程及其机制研究进展[J]. 环境昆虫学报, 2021, 43(03): 633-641.
王小蕾, 张润杰. 橘大实蝇生物学、生态学及其防治研究概述[J]. 环境昆虫学报, 2009, 31(1): 73 -79.
王雁楠, 张玉, 赵紫华. 六种外来入侵昆虫在我国分布范围及自然越冬北界的预测[J]. 植物保护学报, 2020, 47(05): 1155-1156.
王玉玲. 橘小实蝇的发生与诱杀防治研究进展[J]. 环境昆虫学报, 2013, 35(2): 253-259.
王玉赞, 凌冰, 陆永跃, 等. 几种植物精油对橘小实蝇的产卵忌避作用[J]. 华南农业大学学报, 2010, 31(02): 22-27.
吴帆, 黄君君, 谭静, 等. 中华蜜蜂信息素结合蛋白 OBP10 的基因克隆、原核表达和配基结合特性分析[J]. 昆虫学报, 2016, 59(1): 25-32.
吴帆, 张莉, 邱一蕾, 等. 昆虫嗅觉结合蛋白研究进展[J]. 昆虫学报, 2021, 64(04): 523-535.
吴广超, 张岳峰, 龚洪斌, 等. 橘小实蝇的发生为害规律及防治[J]. 技术开发, 2007, 21(4): 92-93.
吴华, 黄鸿, 欧剑峰, 等. 橘小实蝇引诱剂改良之探讨[J]. 农药, 2004, 43(5): 224-225.
吴佳教, 梁帆, 梁广勤. 橘小实蝇发育速率与温度关系的研究[J]. 植物检疫, 2000, 14(6): 17-18.
席涵, 刘秀, 舒海娟, 等. 推拉策略在橘小实蝇防治中的研究进展[J]. 农药, 2019, 58(04): 245-249.
谢琦, 张润杰. 橘小实蝇生物学特点及其防治研究概述[J]. 生态科学, 2005, 24(1): 52-56.
薛超, 许益镌, 曾玲, 等. 甲基丁香酚对橘小实蝇的诱集日动态及其缓释方法[J]. 环境昆虫学报, 2015, 37(1): 102-106.
杨安, 梅国红, 张浩, 等. 淡足侧沟茧蜂气味结合蛋白 MpOBP8 的基因克隆及原核表达分析[J]. 应用昆虫学报, 2019, 56(02): 273-282.
杨子祥, 沙毓沧, 袁理春, 等. 不同颜色和果实对橘小实蝇的诱集效果研究[J]. 西南大学学报(自然科学版), 2011, 33(4): 64-66.
叶辉, 刘建宏. 云南西双版纳橘小实蝇种群动态[J]. 应用生态学报, 2005, 16(7): 1330-1334.
袁梦, 王波, 宋采博, 等. 气候因子和寄主植物对苏州橘小实蝇种群动态的影响[J]. 安徽农业科学, 2008, 36(22): 9619-9621.
詹开瑞, 赵士熙, 朱水芳, 等. 橘小实蝇在中国的适生性研究[J]. 华南农业大学学报, 2006, 27(4): 21-25.
张彬, 刘映红, 赵岚岚, 等. 橘小实蝇研究进展[J]. 中国农学通报, 2008, 24(11): 391-397.
张润杰, 侯柏华. 橘小实蝇传入风险的模糊综合评估[J]. 昆虫学报, 2005, 48(2): 221-226.
张雪, 黄聪, 武强, 等. 昆虫普通气味结合蛋白研究进展[J]. 生物安全学报, 2021, 30(1): 11-19.
张逸凡, 修伟明, 杨殿林, 等. 甜菜夜蛾非典型嗅觉受体基因 OR2 的组织特异性和时空表达[J]. 中国农学通报, 2011, 27(07): 231-235.
张玉, 杨斌, 王桂荣. 昆虫嗅觉相关可溶性蛋白的研究进展[J].环境昆虫学报, 2019, 41(02): 229-240.
章玉苹, 李敦松. 橘小实蝇生物防治研究进展[J]. 昆虫天敌, 2007, 29(4): 173-181.
章玉苹, 李敦松, 张宝鑫, 等. 蝇蛹俑小蜂对橘小实蝇蛹的功能反应及温湿度对蜂成虫寿命的影响[J]. 中国生物防治学报, 2010, 26(4): 385-390.

章玉苹, 赵远超, 张宝鑫, 等. 橘小实蝇一种重要的寄生蜂——凡氏费氏茧蜂[J]. 环境昆虫学报, 2008, 30(1): 86-88.

周昌清, 陈海东. 光温湿因子对三种果实蝇种群生殖力影响的比较研究[J]. 中山大学学报: 自然科学版, 1995, 34(1): 68-75.

周国梁, 陈晨, 叶军, 等. 利用GARP生态位模型预测橘小实蝇(*Bactrocera dorsalis*)在中国的适生区域[J]. 生态学报, 2007, 27(8): 3362-3369.

朱雁飞, 商明清, 滕子文, 等. 橘小实蝇的入侵分布及传播扩散趋势分析[J]. 山东农业科学, 2020, 52(12): 141-149.

Aemprapa S. Entomopathogenic fungi screening against fruit fly [J]. KMITL Science and Technology Journal, 2007, 7(2): 122-126.

Aketarawong N, Bonizzoni M, Thanaphum S, *et al.* Inferences on the population structure and colonization process of the invasive oriental fruit fly, *Bactrocera dorsalis*(Hendel) [J]. Molecular Ecology, 2007, 16(17): 3522-3532.

Alyokhin A V, Mille C, Messing R H, *et al.* Selection of pupation habitats by oriental fruit fly larvae in the laboratory [J]. Journal of Insect Behavior, 2001, 14(1): 57-67.

Amenya D A, Chou W, Li J, *et al.* Proteomics reveals novel components of the *Anopheles gambiae* eggshell [J]. Journal of Insect Physiology, 2010, 56(10): 1414-1419.

Andersson M N, Löfstedt C, Newcomb R D. Insect olfaction and the evolution of receptor tuning [J]. Frontiers in Ecology and Evolution, 2015, 3(53): 1-14.

Bautista M A, Bhandary B, Wijeratne A J, *et al.* Evidence for trade-offs in detoxification and chemosensation gene signatures in *Plutella xylostella* [J]. Pest Management Science, 2015, 71(3): 423-432.

Benton R. On the origin of smell: odorant receptors in insects [J]. Cellular and Molecular Life Sciences, 2006, 63(14): 1579-1585.

Benton R, Sachse S, Michnick S W, *et al.* Atypical membrane topology and heteromeric function of, *Drosophila*, odorant receptors in vivo [J]. Plos Biology, 2006, 4(2):240-257.

Benton R, Vannice K S, Gomez-Diaz C, *et al.* Variant ionotropic glutamate receptors as chemosensory receptors in, *Drosophila* [J]. Cell, 2009, 136(1):149.

Benton R, Vannice K S, Vosshall L B. An essential role for a CD36-related receptor in pheromone detection in *Drosophila* [J]. Nature, 2007, 450(7167): 289-293.

Bess H A, Van D B, Haramoto F H. Fruit fly parasites and their activities in Hawaii [J]. Hawaiian Entomological Society, 1961, 17: 367-578.

Bhagat D, Samanta S K, Bhattacharya S. Efficient management of fruit pests by pheromone nanogels [J]. Scientific Reports, 2013, 3: 1294.

Briand L, Nespoulous C, Huet J C, *et al.* Disulfide pairing and secondary structure of ASP1, an olfactory-binding protein from honeybee(*Apis mellifera* L.) [J]. Journal of Peptide Research, 2001, 58(6) : 540-545.

Brito N F, Moreira M F, Melo A C. A look inside odorant-binding proteins in insect chemoreception [J]. Journal of Insect Physiology, 2016, 95: 51-65.

Bruce T J A, Wadhams L J, Woodcock C M. Insect host location: A volatile situation [J]. Trends in Plant Science, 2005, 10: 269-274.

Cao L, Zhou A, Chen R, *et al.* Predation of the oriental fruit fly, *Bactrocera dorsalis* puparia by the red imported fire ant, *Solenopsis invicta*: Role of host olfactory cues and soil depth [J].

Biocontrol Science and Technology, 2012, 22(5): 551-557.

Carey A F, Carlson J R. Insect olfaction from model systems to disease control [J]. Proceedings of the National Academy of Sciences of the United States of America, 2011, 108(32):12987-95.

Carey A F, Wang G, Su C Y, *et al.* Odorant reception in the malaria mosquito anopheles gambiae [J]. Nature, 2010, 464(7285): 66-71.

Chailleux A, Stirnemann A, Leyes J, *et al.* Manipulating natural enemy behavior to improve biological control: Attractants and repellents of a weaver ant [J]. Entomologia Generalis, 2019, 38(3): 191-210.

Cheng D, Lu Y, Zeng L, *et al.* Si-CSP9 regulates the integument and moulting process of larvae in the red imported fire ant, *Solenopsis invicta* [J]. Scientific Reports, 2015, 5: 9245.

Cheng D F, Chen L J, Yi C Y, *et al.* Association between changes in reproductive activity and D-glucose metabolism in the tephritid fruit fly, *Bactrocera dorsalis*(Hendel) [J]. Scientific Reports, 2014, 4: 7489.

Chang H, Liu Y, Yang T, *et al.* Pheromone binding proteins enhance the sensitivity of olfactory receptors to sex pheromones in *Chilo suppressalis* [J]. Scientific Reports, 2015, 5: 13093.

Chou M Y, Haymer D S, Feng H T, *et al.* Potential for insecticide resistance in populations of Bactrocera dorsalis in Hawaii: spinosad susceptibility and molecular characterization of a gene associated with organophosphate resistance [J]. Entomologia Experimentalis et Applicata, 2010a, 134: 296-303.

Chou Y H, Spletter M L, Yaksi E, *et al.* Diversity and wiring variability of olfactory local interneurons in the *Drosophila* antennal lobe [J]. Nature Neuroscience, 2010b, 13(4): 439.

Chuang Y Y, Hou R F. Effectiveness of attract-and-kill systems using methyl eugenol incorporated with neonicotinoid insecticides against the oriental fruit fly(Diptera: Tephritidae) [J]. Journal of Economic Entomology, 2008, 101(2): 352-359.

Clarke A R, Armstrong K F, Carmichael A E, *et al.* Invasive phytophagous pests arising through a recent tropical evolutionary radiation: the *Bactrocera dorsalis* complex of fruit flies [J]. Annual Review of Entomology, 2005, 50: 293-319.

Clausen C P, Clancy D W, Chock Q C. Biological of the oriental fruit fly and other fruit fly in Hawaii [J]. United States Department of Agriculture Technical, 1965, 1322: 1-102.

Costa-da-Silva A L, Kojin B B, Marinotti O, *et al.* Expression and accumulation of the two-domain odorant-binding protein *AaegOBP45* in the ovaries of blood-fed Aedes aegypti [J]. Parasites & Vectors, 2013, 24(6): 364.

Damberger F F, Ishida Y, Leal WS, *et al.* Structural basis of ligand binding and release in insect pheromone-binding proteins: NMR structure of antheraea polyphemus PBP1 at pH 4.5 [J]. Journal of Molecular Biology, 2007, 373(4): 811-819.

De Villiers M, Hattingh V, Kriticos D J, *et al.* The potential distribution of *Bactrocera dorsalis*: considering phenology and irrigation patterns [J]. Bulletin of Entomological Research, 2016, 106(1): 19-33.

Dowell R V, Jang E B. Attraction of nontarget insects to a monofluoro analog of methyl eugenol in California [J]. The Pan-Pacific Entomologist, 2016, 92(2):79-85.

Du Y, Xu K, Ma W, *et al.* Contact chemosensory genes identified in leg transcriptome of *Apis cerana*(Hymenoptera: Apidae) [J]. Journal of Economic Entomology, 2019, 112(5): 2015-2029.

Fan J, Francis F, Liu Y, *et al.* An overview of odorant-binding protein functions in insect peripheral olfactory reception [J]. Genetics and Molecular Research, 2011, 10(4): 3056-3069.

Field L M, Pickett J A, Wadhams L J. Molecular studies in insect olfaction [J]. Insect Molecular Biology, 2000, 9(6): 545-551.

Fleischer J, Pregitzer P, Breer H, *et al.* Access to the odor world: olfactory receptors and their role for signal transduction in insects [J]. Cellular and Molecular Life Sciences, 2018, 75(3): 485-508.

Foret S, Maleszka R. Function and evolution of a gene family encoding odorant binding-like proteins in a social insect, the honey bee(*Apis mellifera*) [J]. Genome Research, 2006, 16(11): 1404-1413.

Fouchier A, Walker W B, Montagné N, *et al.* Functional evolution of Lepidoptera olfactory receptors revealed by deorphanization of a moth repertoire [J]. Nature Communications, 2017, 8: 15709.

Gao Y, Huang Q, Xu H. Silencing orco impaired the ability to perceive trail pheromones and affected locomotion behavior in two termite species [J]. Journal of Economic Entomology, 2020, 113(6): 2941-2949.

Garczynski S F, Coates B S, Unruh T R, *et al.* Application of *Cydia pomonella* expressed sequence tags: Identification and expression of three general odorant binding proteins in codling moth [J]. Insect Science, 2013, 20(5): 559-574.

Gonzalez D, Rihani K, Neiers F, *et al.* The *Drosophila* odorant-binding protein 28a is involved in the detection of the floral odour ß-ionone [J]. Cellular and Molecular Life Sciences, 2020, 77(13): 2565-2577.

González D, Zhao Q, McMahan C, *et al.* The major antennal chemosensory protein of red imported fire ant workers [J]. Insect Molecular Biology, 2009, 18(3): 395-404.

Gorur-Shandilya S, Demir M, Long J, *et al.* Olfactory receptor neurons use gain control and complementary kinetics to encode intermittent odorant stimuli [J]. Elife. 2017, 28(6): e27670.

Guo X, Yu Q, Chen D, *et al.* 4-Vinylanisole is an aggregation pheromone in locusts [J]. Nature, 2020, 584(7822): 584-588.

Hallem E A, Carlson J R. Coding of odors by a receptor repertoire [J]. Cell, 2006, 125(1): 143-160.

Hallem E A, Dahanukar A, Carlson J R. Insect odor and taste receptors [J]. Annual Review of Entomology, 2006, 51: 113-135.

Hallem E A, Ho M G, Carlson J R. The molecular basis of odor coding in the *Drosophila* antenna [J]. Cell, 2004, 117(7): 965- 979.

Haq I, Vreysen M J B, Cacéres C, *et al.* Methyl eugenol aromatherapy enhances the mating competitiveness of male *Bactrocera carambolae* Drew & Hancock(Diptera: Tephritidae) [J]. Journal of Insect Physiology, 2014, 68: 1-6.

Hardy D E. The fruit flies(Tephritidae-Diptera) of Thailand and bordering countries [J]. Pacific Insects, 1973, 31.

He P, Ma Y F, Wang M M, *et al.* Silencing the odorant coreceptor(Orco) disrupts sex pheromonal communication and feeding responses in Blattella germanica: toward an alternative target for controlling insect-transmitted human diseases [J]. Pest Management

Science, 2021, 77(4): 1674-1682.

Heavner ME, Gueguen G, Rajwani R, *et al.* Partial venom gland transcriptome of a *Drosophila* parasitoid wasp, *Leptopilina heterotoma*, reveals novel and shared bioactive profiles with stinging Hymenoptera [J]. Gene, 2013, 526(2): 195-204.

Hee A K W, Tan K H. Bioactive fractions containing methyl eugenol-derived sex pheromonal components in haemolymph of the male fruit fly *Bactrocera dorsalis*(Diptera: Tephritidae) [J]. Bulletin of Entomological Research, 2005, 95(6): 615-620.

Hee A K W, Tan K H. Male sex pheromonal components derived from methyl eugenol in the hemolymph of the fruit fly *Bactrocera papaya* [J]. Journal of Chemical Ecology, 2004, 30(11): 2127-2138.

Hee A K W, Tan K H. Transport of methyl eugenol-derived sex pheromonal components in the male fruit fly, *Bactrocera dorsalis* [J]. Comparative Biochemistry and Physiology Part C: Toxicology & Pharmacology, 2006, 143(4): 422-428.

Hill M P, Terblanche J S. Niche overlap of congeneric invaders supports a single-species hypothesis and provides insight into future invasion risk: implications for global management of the *Bactrocera dorsalis* complex [J]. PloS One, 2014, 9(2): e90121.

Horst R, Damberger F, Luginbühl P, *et al.* NMR structure reveals intramolecular regulation mechanism for pheromone binding and release [J]. Proceedings of the National Academy of Sciences of the United States of America, 2001, 98(25):14374-14379.

Howarth V M C. Attractiveness of methyl eugenol baited traps to oriental fruit fly(Diptera: Tephritidae): effects of dosage, placement and color [J]. Hawaiian Entomological Society, 2000, 34: 167-168.

Howel C R, Beier R C. Production of ammonia by enterobacter cloacae and its possible role in the biological control of *Pythium preemergence* damping of by the bacterium [J]. Phytopathology, 1988, 78: 1075-1078.

Hsu J C, Feng H T. Insecticide susceptibility of the oriental fruit fly(*Bactrocera dorsalis*(Hendel)(Diptera: Tephritidae) in Taiwan [J]. Chinese Journal of Entomology, 2000, 20(2): 109-118.

Hsu J C, Feng H T, Haymer D S, *et al.* Molecular and biochemical mechanisms of organophosphate resistance in laboratory-selected lines of the oriental fruit fly(Bactrocera dorsalis). Pesticide Biochemistry and Physiology, 2011, 100, 57-63.

Hsu J C, Feng H T, Wu W J. Resistance and synergistic effects of insecticides in *Bactrocera dorsalis*(Diptera: Tephritidae) in Taiwan. Journal of Economic Entomology, 2004, 97, 1682-1688.

Ishida Y, Ishibashi J, Leal W S. Fatty acid solubilizer from the oral disk of the blowfly [J]. PLoS One, 2013, 8(1): e51779.

Ishida Y, Leal W S. Rapid inactivation of a moth pheromone [J]. Proceedings of the National Academy of Sciences of the United States of America, 2005, 102(39): 14075-14079.

Jang E B, Carvalho L A, Stark J D. Attraction of female oriental fruit fly, *Bactrocera dorsalis*, to volatile semiochemicals from leaves and extracts of a nonhost plant, Panax(Polyscias guilfoylei) in laboratory and olfactometer assays [J]. Journal of Chemical Ecology, 1997, 23(5): 1389-1401.

Jang E B, Khrimian A, Siderhurst M S. Di- and tri-fluorinated analogs of methyl eugenol: attraction to and metabolism in the Oriental fruit fly, *Bactrocera dorsalis*(Hendel) [J].

Journal of Chemical Ecology, 2011, 37(6): 553-564.

Jang E B. Physiology of mating behavior in Mediterranean fruit fly(Diptera: Tephritidae): chemoreception and male accessory gland fluids in female post-mating behavior [J]. Florida Entomologist, 2002, 85(1): 89-93.

Jayanthi K P, Kempraj V, Aurade R M, *et al.* Computational reverse chemical ecology: virtual screening and predicting behaviorally active semiochemicals for *Bactrocera dorsalis* [J]. BMC Genomics, 2014, 15(1): 209.

Ji Q E, Chen J H, Mclnnis D O, *et al.* The effect of methyl eugenol exposure on subsequent mating performance of sterile males of *Bactrocera dorsalis* [J]. Journal of Applied Entomology, 2011, 1-6.

Jin T, Zeng L, Lin Y, *et al.* Insecticide resistance of the oriental fruit fly, *Bactrocera dorsalis*(Hendel)(Diptera: Tephritidae), in Mainland China [J]. Pest Management Science, 2011, 67(3): 370-376.

Jin X, Ha T S, Smith D P. SNMP is a signaling component required for pheromone sensitivity in *Drosophila* [J]. Proceedings of the National Academy of Sciences of the United States of America, 2008, 105(31): 10996-11001.

Justice R W, Biessmann H, Walter M F, *et al.* Genomics spawns novel approaches to mosquito control [J]. Bioessays News & Reviews in Molecular Cellular & Developmental Biology, 2003, 25(10):1011-1020.

Kadakia N, Emonet T. Front-end Weber-Fechner gain control enhances the fidelity of combinatorial odor coding [J]. Elife, 2019, 28(8): e45293.

Karunaratne M M S C, Karunaratne U K P R. Factors influencing the responsiveness of male oriental fruit fly, *Bactrocera dorsalis*, to methyl eugenol(3, 4 dimethoxyalyl benzene) [J]. Tropical Agricultural Research & Extension, 2012, 15(4):92-97.

Khrimian A, Jang E B, Nagata J, *et al.* Consumption and metabolism of 1, 2-dimethoxy-4-(3-fluoro-2-propenyl) benzene, a fluorine analog of methyl eugenol, in the Oriental fruit fly *Bactrocera dorsalis*(Hendel) [J]. Journal of Chemical Ecology, 2006, 32(7): 1513-1526.

Khrimian A, Siderhurst M S, Mcquate G T, *et al.* Ring-fluorinated analog of methyl eugenol: attractiveness to and metabolism in the Oriental fruit fly, *Bactrocera dorsalis*,(Hendel) [J]. Journal of Chemical Ecology, 2009, 35(2):209-18.

Khrimian A P, DeMilo A B, Waters R M, *et al.* Monofluoro analogs of eugenol methyl ether as novel attractants for the oriental fruit fly [J]. The Journal of Organic Chemistry, 1994, 59(26): 8034-8039.

Klein U. Sensillum-lymph proteins from antennal olfactory hairs of the moth Antheraea polyphemus(Saturniidae) [J]. Insect Biochemistry, 1987, 17(8): 1193-1204.

Knecht Z A, Silbering A F, Ni L, *et al.* Distinct combinations of variant ionotropic glutamate receptors mediate thermosensation and hygrosensation in *Drosophila* [J]. Elife. 2016, 5: e17879.

Kriticos D J, Leriche A, Palmer D J, *et al.* Linking climate suitability, spread rates and host-impact when estimating the potential costs of invasive pests [J]. PLoS One, 2013, 8(2): e54861.

Laforest S M, Prestwich G D, Lfstedt C. Intraspecific nucleotide variation at the pheromone binding protein locus in the turnip moth, *Agrotis segetum* [J]. Insect Molecular Biology,

2010, 8(4): 481-490.

Larsson M C, Domingos A I, Jones W D, *et al.* Or83b encodes a broadly expressed odorant receptor essential for *Drosophila* olfaction [J]. Neuron, 2004, 43(5): 703-714.

Larter N K, Sun J S, Carlson J R. Organization and function of *Drosophila* odorant binding proteins [J]. ELife, 2016, 5: 22.

Lartigue, A. X-ray structure and ligand binding study of a moth chemosensory protein [J]. Journal of Biological Chemistry, 2002, 277(35):32094-32098.

Leal W S. Odorant reception in insects: roles of receptors, binding proteins, and degrading enzymes [J]. Annual Review of Entomology, 2013, 58(1):373.

Li G, Chen X, Li B, *et al.* Binding properties of general odorant binding proteins from the oriental fruit moth, *Grapholita molesta*(Busck)(Lepidoptera: Tortricidae) [J]. PLoS One, 2016, 11(5): e0155096.

Li R, Zhang L, Fang Y, *et al.* Proteome and phosphoproteome analysis of honeybee(Apis mellifera) venom collected from electrical stimulation and manual extraction of the venom gland [J]. BMC Genomics. 2013, 7(14): 766.

Li Y, Wu Y, Chen H, *et al.* Population structure and colonization of *Bactrocera dorsalis*(Diptera: Tephritidae) in China, inferred from mtDNA COI sequences [J]. Journal of Applied Entomology, 2011a, 136: 241-251.

Lin Y, Jin T, Zeng L, *et al.* Cuticular penetration of β-cypermethrin in insecticide-susceptible and resistant strains of *Bactrocera dorsalis* [J]. Pesticide Biochemistry and Physiology, 2012, 103(3): 189-193.

Liquido N J, Khrimian A P, DeMilo A B, *et al.* Monofluoro analogues of methyl eugenol: new attractants for males of *Bactrocera dorsalis*(Hendel)(Dipt., Tephritidae) [J]. Journal of Applied Entomology, 1998, 122: 259-264.

Liu H, Gao Z, Lu Y Y, *et al.* The photokinesis of oriental fruit flies, *Bactrocera dorsalis*(Hendel)(Diptera: Thepritidae) to LED lights of different wavelengths [J]. Entomologia Experimentalis et Applicata, 2018a, 166: 102-112.

Liu H, Zhao X F, Lu Y Y, *et al.* BdorOBP2 plays an indispensable role in the perception of methyl eugenol by mature males of *Bactrocera dorsalis*(Hendel) [J]. Scientific Reports, 2017, 7(1): 15894.

Liu J H, Xiong X Z, Pan Y Z, *et al.* Research progress of *Bactrocera dorsalis* and its species complex [J]. Agricultural Science & Technology-Hunan, 2011, 12(11): 1657-1661.

Liu L J, Martinez-Sañudo I, Mazzon L, *et al.* Bacterial communities associated with invasive populations of *Bactrocera dorsalis*(Diptera: Tephritidae) in China [J]. Bulletin of Entomological Research, 2016a, 106(6): 718-728.

Liu N Y, Yang F, Yang K, *et al.* Two subclasses of odorant-binding proteins in *Spodoptera exigua* display structural conservation and functional divergence [J]. Insect Molecular Biology, 2014, 24(2): 167-182.

Liu N Y, Yang K, Liu Y, *et al.* Two general-odorant binding proteins in *Spodoptera litura* are differentially tuned to sex pheromones and plant odorants [J]. Comparative Biochemistry and Physiology Part A, 2015, 180: 23-31.

Liu S, Qiao F, Liang QM, *et al.* Molecular characterization of two sensory neuron membrane proteins from *Chilo suppressalis* (Lepidoptera: Pyralidae) [J]. Annals of The Entomological Society of America, 2013, 106(3): 378-384.

Liu W, Jiang X C, Cao S, *et al.* Functional studies of sex pheromone receptors in Asian corn borer *Ostrinia furnacalis*. Frontiers in Physiology, 2018b, 23(9): 591.

Liu Y C, Hwang R H. Preliminary study on the attractiveness of volatile constituents of host fruits to *Bactrocera dorsalis* Hendel [J]. Plant Protection Bulletin, 2000, 103: 189-193.

Liu Z, Smagghe G, Lei Z, *et al.* Identification of male- and female-specific olfaction genes in antennae of the Oriental Fruit Fly(*Bactrocera dorsalis*) [J]. Plos One, 2016b, 11(2): e0147783.

Lu X P, Xu L, Meng L W, *et al.* Divergent molecular evolution in glutathione S-transferase conferring malathion resistance in the oriental fruit fly, *Bactrocera dorsalis*(Hendel) [J]. Chemosphere, 2020, 242: 125203.

Luo L, Zeng L. A new rod-shaped virus from parasitic wasp *Diachasmimorpha longicaudata*(Hymenoptera: Braconidae) [J]. Journal of Invertebrate Pathology, 2010, 103: 165-169.

Lux S A, Copeland R S, White I M, *et al.* A new invasive fruit fly species from the *Bactrocera dorsalis*(Hendel) group detected in East Africa [J]. International Journal of Tropical Insect Science, 2003, 23(4): 355-361.

Malacrida A R, Gomulski L M, Bonizzoni M, *et al.* Globalization and fruitfly invasion and expansion: the medfly paradigm [J]. Genetica, 2007, 131(1): 1.

Mekonnen B, Yusuf A, Pirk C, *et al.* Oviposition responses of *Bactrocera dorsalis* and *Ceratitis cosyra* to Dufour's and poison gland extracts of *Oecophylla longinoda*(Hymenoptera: Formicidae) [J]. International Journal of Tropical Insect Science, 2021: 1-9.

Metcalf R L. Chemical ecology of Dacinae fruit flies(Diptera: Tephritidae) [J]. Annals of the Entomological Society of America, 1990, 83(6): 1017-1030.

Miller E C, Swanson A B, Phillips D H, *et al.* Structure-activity studies of the carcinogenicities in the mouse and rat of some naturally occurring and synthetic alkenylbenzene derivatives related to safrole and estragole [J]. Cancer Research, 1983, 43(3): 1124-1134.

Montagné N, de Fouchier A, Newcomb R D, *et al.* Advances in the identification and characterization of olfactory receptors in insects [J]. Progress in Molecular Biology and Translational Science, 2015, 130: 55-80.

Nakagawa T, Sakurai T, Nishioka T, *et al.* Insect sex-pheromone signals mediated by specific combinations of olfactory receptors [J]. Science, 2005, 307(5715):1638-1642.

Nakahara S, Kobashigawa Y, Muraji M. Genetic variations among and within populations of the oriental fruit fly, *Bactrocera dorsalis*(Diptera; Tephritidae), detected by PCR-RFLP of the mitochondrial control region [J]. Applied Entomology and Zoology, 2008, 43(3): 457-465.

Nishida R, Tan K H, Serit M, *et al.* Accumulation of phenylpropanoids in the rectal glands of males of the Oriental fruit fly, *Dacus dorsalis* [J]. Experientia, 1988, 44(6): 534-536.

Obra G B, Resilva S S. Influence of adult diet and exposure to methyl eugenol in the mating performance of *Bactrocera philippinensis* [J]. Journal of Applied Entomology, 2013, 137(s1): 210-216.

Orankanok W, Chinvinijkul S, Sawatwangkhoung A, *et al.* Methyl eugenol and pre-release diet improve mating performance of young *Bactrocera dorsalis* and *Bactrocera correcta* males [J]. Journal of Applied Entomology, 2013, 137(s1): 200-209.

Ozaki K, Utoguchi A, Yamada A, *et al.* Identification and genomic structure of chemosensory proteins(CSP) and odorant binding proteins(OBP) genes expressed in foreleg tarsi of the swallowtail butterfly Papilio xuthus [J]. Insect Biochemistry and Molecular Biology, 2008, 38(11): 969-976.

Pellegrino M, Nakagawa T, Vosshall L B. Single sensillum recordings in the insects *Drosophila melanogaster* and *Anopheles gambiae* [J]. Journal of Visualized Experiments, 2010, 17(36): 1-5.

Pelosi P, Iovinella I, Felicioli A, *et al.* Soluble proteins of chemical communication: an overview across arthropods [J]. Frontiers in Physiology, 2014, 5: 13.

Pelosi P, Iovinella I, Zhu J, *et al.* Beyond chemoreception: diverse tasks of soluble olfactory proteins in insects [J]. Biological reviews of the Cambridge Philosophical Society, 2018, 93(1): 184-200.

Pregitzer P, Greschista M, Breer H, *et al.* The sensory neurone membrane protein SNMP1 contributes to the sensitivity of a pheromone detection system [J]. Insect Molecular Biology, 2014, 23(6):733-42.

Qiao H, Tuccori E, He X, *et al.* Discrimination of alarm pheromone(E)-beta-farnesene by aphid odorant-binding proteins [J]. Insect Biochemistry and Molecular Biology, 2009, 39(5-6): 414-419.

Ribeiro J M, Genta F A, Sorgine M H, *et al.* An insight into the transcriptome of the digestive tract of the bloodsucking bug, *Rhodnius prolixus* [J]. Plos Neglected Tropical Diseases, 2014, 8(1): e2594.

Rihani K, Fraichard S, Chauvel I, *et al.* A conserved odorant binding protein is required for essential amino acid detection in *Drosophila* [J]. Communications Biology, 2019, 22(2): 425.

Robertson H M, Wanner K W. The chemoreceptor superfamily in the honey bee, Apis mellifera: expansion of the odorant, but not gustatory, receptor family [J]. Genome research, 2006, 16(11): 1395-1403.

Ronderos D S, Smith D P. Activation of the T1 neuronal circuit is necessary and sufficient to induce sexually dimorphic mating behavior in *Drosophila melanogaster* [J]. Journal of Neuroscience. 2010, 30(7): 2595-2599.

Said A E, Fatahuddin, Asman, *et al.* Effect of sticky trap color and height on the capture of adult oriental fruit fly, *Bactrocera dorsalis*(Hendel)(Diptera: Tephritidae) on chili pepper [J]. American Journal of Agricultural and Biological Science, 2017, 12(1): 13-17.

Sánchez-Gracia A, Vieira F G, Rozas J. Molecular evolution of the major chemosensory gene families in insects [J]. Heredity(Edinb), 2009, 103(3): 208-216.

Sanes J T, Plettner E. Gypsy moth pheromone-binding protein-ligand interactions: pH profiles and simulations as tools for detecting polar interactions [J]. Archives of Biochemistry and Biophysics, 2016, 606: 53-63.

Satarkar V R, Krishnamurthy S V, Faleiro J R, *et al.* Spatial distribution of major *Bactrocera* fruit flies attracted to methyl eugenol in different ecological zones of Goa, India [J]. International Journal of Tropical Insect Science, 2009, 29(4): 195-201.

Sato K, Pellegrino M, Nakagawa T, *et al.* Insect olfactory receptors are heteromeric ligand-gated ion channels [J]. Nature, 2008, 452(7190): 1002–1006.

Schiestl R H, Chan W S, Gietz R D, *et al.* Safrole, eugenol and methyleugenol induce intrachromosomal recombination in yeast [J]. Mutation Research/Genetic Toxicology, 1989, 224(4): 427-436.

Serrano E, Nowotny T, Levi R, *et al.* Gain control network conditions in early sensory coding [J]. PLOS Computational Biology, 2013, 9(7) : 13.

Shelly T E. Fecundity of female oriental fruit flies(Diptera: Tephritidae): effects of methyl eugenol-fed and multiple mates [J]. Annals of the Entomological Society of America, 2000a, 93(3): 559-564.

Shelly T E. Feeding on methyl eugenol and Fagraea berteriana flowers increases long-range female attraction by males of the oriental fruit fly(Diptera: Tephritidae) [J]. Florida entomologist, 2001: 634-640.

Shelly T E. Flower-feeding affects mating performance in male oriental fruit flies *Bactrocera dorsalis* [J]. Ecological Entomology, 2000b, 25(1): 109-114.

Shelly T E. Selection for non-responsiveness to methyl eugenol in male oriental fruit flies(Diptera: Tephritidae) [J]. Florida Entomologist, 1997, 248-253.

Shelly T E. Zingerone and the mating success and field attraction of male melon flies(Diptera: Tephritidae) [J]. Journal of Asia-Pacific Entomology, 2016, 20(1):175-178.

Shelly T E, Dewire A L M. Chemically mediated mating success in male oriental fruit flies(Diptera: Tephritidae) [J]. Annals of the Entomological Society of America, 1994, 87(3): 375-382.

Shelly T E, James E, Donald M I. Pre-release consumption of methyl eugenol increases the mating competitiveness of sterile males of the Oriental fruit fly, *Bactrocera dorsalis*, in large field enclosures [J]. Journal of Insect Science, 2010, 10(10): 1-16.

Shelly T E, Nishida R. Larval and adult feeding on methyl eugenol and the mating success of male oriental fruit flies, *Bactrocera dorsalis* [J]. Entomologia experimentalis et applicata, 2004, 112(2): 155-158.

Shen G M, Wang X N, Dou W, *et al.* Biochemical and molecular characterisation of acetylcholinesterase in four field populations of *Bactrocera dorsalis*(Hendel)(Diptera: Tephritidae) [J]. Pest Management Science, 2012, 68(12): 1553-1563.

Shi W, Kerdelhué C, Ye H. Genetic structure and inferences on potential source areas for *Bactrocera dorsalis*(Hendel) based on mitochondrial and microsatellite markers. PLoS One, 2012, 7, e37083.

Shi Z H, Wang L L, Zhang HY. Low diversity bacterial community and the trapping activity of metabolites from cultivable bacteria species in the female reproductive system of the oriental fruit fly, *Bactrocera dorsalis* Hendel(Diptera: Tephritidae) [J]. International Journal of Molecular Sciences, 2012, 13, 6266-6278.

Siciliano P, He X L, Woodcock C, *et al.* Identification of pheromone components and their binding affinity to the odorant binding protein *CcapOBP83a-2* of the Mediterranean fruit fly, *Ceratitis capitata* [J]. Insect Biochemistry and Molecular Biology, 2014, 48: 51-62.

Siderhurst M S, Jang E B. Attraction of female oriental fruit fly, *Bactrocera dorsalis*, to *Terminalia catappa* fruit extracts in wind tunnel and olfactometer tests [J]. Formosan Entomologist, 2006a, 26(1): 45-55.

Siderhurst M S, Jang E B. Female-biased attraction of Oriental fruit fly, *Bactrocera dorsalis*(Hendel), to a blend of host fruit volatiles from Terminalia catappa L [J]. Journal of Chemical Ecology, 2006b, 32(11):2513-2524.

Smartt C T, Erickson J S. Expression of a novel member of the odorant-binding protein gene family in *Culex nigripalpus*(Diptera: Culicidae) [J]. Journal of Medical Entomology, 2009,

46(6): 1376-1381.

Smith D P. Odor and pheromone detection in *Drosophila melanogaster* [J]. Pflügers Archiv-European Journal of Physiology, 2007, 454(5): 749-758.

Smith R L, Adams T B, Doull J, *et al.* Safety assessment of allylalkoxybenzene derivatives used as flavouring substances—methyl eugenol and estragole [J]. Food and Chemical Toxicology, 2002, 40(7): 851-870.

Steiner L F. Field evaluation of oriental fruit fly insecticides in Hawaii [J]. Journal of Economy Entomology, 1957, 50: 16-24.

Stephens A E A, Kriticos D J, Leriche A. The current and future potential geographical distribution of the oriental fruit fly, *Bactrocera dorsalis*(Diptera: Tephritidae) [J]. Bulletin of Entomological Research, 2007, 97(4): 369-378.

Sun H, Liu F, Ye Z, *et al.* Mutagenesis of the orco odorant receptor co-receptor impairs olfactory function in the malaria vector *Anopheles coluzzii* [J]. Insect Biochemistry and Molecular Biology, 2020, 127:103497.

Sun Y L, Huang L Q, Pelosi P, *et al.* Expression in antennae and reproductive organs suggests a dual role of an odorant-binding protein in two sibling Helicoverpa species [J]. PLoS One, 2012, 7(1): e30040.

Swarup S, Williams T I, Anholt R R. Functional dissection of Odorant binding protein genes in *Drosophila melanogaster* [J]. Genes, Brain, and Behavior, 2011, 10: 648-657.

Syed Z, Kopp A, Kimbrell DA, *et al.* Bombykol receptors in the silkworm moth and the fruit fly [J]. Proceedings of the National Academy of Sciences of the United States of America, 2010, 107(20): 9436-9439.

Szyszka P, Gerkin RC, Galizia CG, *et al.* High-speed odor transduction and pulse tracking by insect olfactory receptor neurons [J]. Proceedings of the National Academy of Sciences of the United States of America, 2014, 111(47): 16925-16930.

Takemori N, Yamamoto M T. Proteome mapping of the *Drosophila melanogaster* male reproductive system [J]. Proteomics, 2009, 9(9): 2484-9243.

Tian Z, Qiu G, Li Y, *et al.* Molecular characterization and functional analysis of pheromone binding proteins and general odorant binding proteins from *Carposina sasakii* Matsumura(Lepidoptera: Carposinidae) [J]. Pest Management Science, 2019, 75(1): 234-245.

Tichy H, Fischer H, Gingl E. Adaptation as a mechanism for gain control in an insect thermoreceptor [J]. Journal of Neurophysiology, 2008, 100(4):2137-2144.

Vargas R, Leblanc L, Putoa R, *et al.* Impact of introduction of *Bactrocera dorsalis(*Diptera: Tephritidae) and classical biological control releases of *Fopius arisanus*(Hymenoptera: Braconidae) on economically important fruit flies in French Polynesia [J]. Journal of Economic Entomology, 2007, 100(3): 670-679.

Vargas R I, Prokopy R. Attraction and feeding responses of melon flies and oriental fruit flies(Diptera: Tephritidae) to various protein baits with and without toxicants [J]. Hawaiian Entomological Society, 2006, 38: 49-60.

Vayssières J F, Korie S, Coulibaly O, *et al.* The mango tree in central and northern Benin: cultivar inventory, yield assessment, infested stages and loss due to fruit flies(Diptera Tephritidae) [J]. Fruits, 2008, 63(6): 335-348.

Verghese A, Nagaraju D K, Madhura H S, *et al.* Wind speed as an independent variable to forecast the trap catch of the fruit fly(*Bactrocera dorsalis*) [J]. The Indian Journal of Agricultural Sciences, 2006, 76(3): 172-175.

Vieira F G, Rozas J. Comparative genomics of the odorant-binding and chemosensory protein gene families across the Arthropoda: origin and evolutionary history of the chemosensory system [J]. Genome Biology and Evolution, 2011, 3: 476-490.

Vogt R G, Prestwich G D, Lerner M R. Odorant-binding-protein subfamilies associate with distinct classes of olfactory receptor neurons in insects [J]. Journal of Neurobiology, 1991, 22(1): 74-84.

Vogt R G, Rogers M E, Franco M D, *et al.* A comparative study of odorant binding protein genes: differential expression of the *PBP1-GOBP2* gene cluster in *Manduca sexta* (Lepidoptera) and the organization of OBP genes in Drosophila melanogaster(Diptera) [J]. Journal of Experimental Biology, 2002, 205(6): 719-744.

Vontas J, Hernández-Crespo P, Margaritopoulos J T, *et al.* Insecticide resistance in Tephritid flies [J]. Pesticide Biochemistry and Physiology, 2011, 100(3): 199-205.

Wan X, Liu Y, Zhang B. Invasion history of the oriental fruit fly, *Bactrocera dorsalis*, in the Pacific-Asia region: two main invasion routes [J]. PLoS One, 2012, 7(5): e36176.

Wan X, Nardi F, Zhang B, *et al.* The oriental fruit fly, *Bactrocera dorsalis*, in China: origin and gradual inland range expansion associated with population growth [J]. Plos One, 2011, 6(10): e25238.

Wang L, Zhu J Y, Qian C, *et al.* Venom of the parasitoid wasp Pteromalus puparum contains an odorant binding protein [J]. Archives of Insect Biochemistry and Physiology, 2015, 88(2): 101-110.

Wang N, Li Z, Wu J, *et al.* The potential geographical distribution of *Bactrocera dorsalis* (Diptera: Tephrididae) in China based on emergence rate model and arcgis[C]//International Conference on Computer and Computing Technologies in Agriculture. Springer, Boston, MA, 2008, 293: 399-411.

Wang X G, Messing R H, Bautista R C. Competitive superiority of early acting species: A case study of opiine fruit fly parasitoids [J]. Biocontrol Science & Technology, 2003, 13(4): 391-402.

Wanner K W, Nichols A S, Walden K K, *et al.* A honey bee odorant receptor for the queen substance 9-oxo-2-decenoic acid [J]. Proceedings of the National Academy of Sciences of the United States of America, 2007, 104(36): 14383-14388.

Wee S L, Hee A K W, Tan K H. Comparative sensitivity to and consumption of methyl eugenol in three *Bactrocera dorsalis*(Diptera: Tephritidae) complex sibling species [J]. Chemoecology, 2002, 12(4): 193-197.

Wei D, Dou W, Jiang M, *et al.* Oriental fruit fly *Bactrocera dorsalis*,(Hendel). Biological invasions and its management in China. Springer Netherlands, 2017, 267-283.

Wicher D, Schäfer R, Bauernfeind R, *et al. Drosophila* odorant receptors are both ligand-gated and cyclic-nucleotide-activated cation channels [J]. Nature, 2008, 52(7190):1007-1011.

Wilson R I, Mainen Z F. Early events in olfactory processing [J]. Annual Review of Neuroscience, 2006, 29(1): 163-201.

Wu F, Feng YL, Han B, *et al.* Mechanistic insight into binding interaction between chemosensory protein 4 and volatile larval pheromones in honeybees(Apis mellifera) [J]. International Journal of Biological Macromolecules, 2019a, 141: 553-563.

Wu Z, Lin J, Zhang H, *et al. BdorOBP83a-2* mediates responses of the oriental fruit fly to semiochemicals [J]. Frontiers in physiology, 2016, 7: 452.

Wu Z, Zhang H, Wang Z, *et al.* Discovery of chemosensory genes in the Oriental fruit fly, *Bactrocera dorsalis* [J]. Plos One, 2015, 10(6):e0129794.

Xie Y Z. Study on the Trypetidae or fruit-flies of China [J]. Sinenia Nanking, 1937, 8: 103-226.

Xu L, Zhou C, Xiao Y, *et al.* Insect oviposition plasticity in response to host availability: the case of the tephritid fruit fly *Bactrocera dorsalis* [J]. Ecological Entomology, 2012, 37(6): 446-452.

Xu P, Atkinson R, Jones D N, *et al. Drosophila* OBP LUSH is required for activity of pheromone-sensitive neurons [J]. Neuron, 2005, 45(2): 193-200.

Yao Q, Xu S, Dong Y, *et al.* Identification and characterisation of two general odourant-binding proteins from the litchi fruit borer, *Conopomorpha sinensis* Bradley [J]. Pest Management Science, 2016, 72(5): 877-887.

Yi C Y, Zheng C Y, Zeng L, *et al.* High genetic diversity in the offshore island populations of the tephritid fruit fly *Bactrocera dorsalis* [J]. BMC Ecology, 2016, 16(1): 46.

Yi X, Qi J, Zhou X, *et al.* Differential expression of chemosensory-protein genes in midguts in response to diet of *Spodoptera litura* [J]. Scientific Reports, 2017, 7(1): 296.

Yi X, Wang P D, Wang Z, *et al.* Involvement of a specific chemosensory protein from *Bactrocera dorsalis* in perceiving host plant volatiles [J]. Journal of Chemical Ecology, 2014b, 40(3): 267-275.

Yi X, Zhao H, Wang P, *et al. BdorOrco* is important for oviposition-deterring behavior induced by both the volatile and non-volatile repellents in *Bactrocera dorsalis*(Diptera: Tephritidae) [J]. Journal of Insect Physiology, 2014a, 65: 51-56.

Yuvaraj J K, Andersson M N, Zhang D D, *et al.* Antennal transcriptome analysis of the chemosensory gene families from Trichoptera and basal Lepidoptera [J]. Frontiers in Physiology, 2018, 9: 1365.

Zhang G H, Li Y P, Xu X L, *et al.* Identification and characterization of two general odorant binding protein genes from the oriental fruit moth, *Grapholita molesta*(Busck) [J]. Journal of Chemical Ecology, 2012, 38(4): 427-436.

Zhang G N, Wang J J. Electrophysiological responses of the oriental fruit fly, Bactrocera dorsalis to host-plant related volatiles [J]. Journal of Environmental Entomology, 2016, 38(1): 126-131.

Zhang J, Luo D, Wu P, *et al.* Identification and expression profiles of novel odorant binding proteins and functional analysis of OBP99a in *Bactrocera dorsalis* [J]. Archives of Insect Biochemistry and Physiology, 2018, e21452.

Zhang R, Jang E B, He S, *et al.* Lethal and sublethal effects of cyantraniliprole on *Bactrocera dorsalis*(Hendel)(Diptera: Tephritidae) [J]. Pest Management Science, 2015, 71(2): 250-256.

Zhao H Y, Liu K, Ali S, *et al.* Host suitability of different pupal ages of Oriental fruit fly, *Bactrocera dorsalis*, for the parasitoid, *Pachycrepoideus vindemmiae* [J]. Pakistan Journal of Zoology, 2013a, 45(3): 673-678.

Zheng C Y, Zeng L, Xu Y J. Effect of sweeteners on the survival and behaviour of *Bactrocera dorsalis*(Hendel)(Diptera: Tephritidae) [J]. Pest Management Science, 2016, 72(5): 990-996.

Zheng W W, Peng W, Zhu C P, *et al.* Identification and expression profile analysis of odorant binding proteins in the oriental fruit fly *Bactrocera dorsalis* [J]. International Journal of

Molecular Sciences, 2013, 14(7): 14936-14949.

Zheng W W, Zhu C P, Peng T, *et al.* Odorant receptor co-receptor Orco is upregulated by methyl eugenol in male *Bactrocera dorsalis*(Diptera: Tephritidae) [J]. Journal of Insect Physiology, 2012, 58(8): 1122-1127.

Zhou J J. Odorant-binding proteins in insects [J]. Vitamins and hormones, 2010, 83: 241-272.

Zhou J J, He X L, Pickett J A, *et al.* Identification of odorant-binding proteins of the yellow fever mosquito *Aedes aegypti*: genome annotation and comparative analyses [J]. Insect Molecular Biology, 2008, 17(2):147-163.

Zhou J J, Robertson G, He X L, *et al.* Characterisation of *Bombyx mori* odorant-binding proteins reveals that a general odorant-binding protein discriminates between sex pheromone components [J]. Journal of Molecular Biology, 2009, 389(3): 529-545.

Zhou J, Zhang N, Wang P, *et al.* Identification of host-plant volatiles and characterization of two novel general odorant-binding proteins from the legume pod borer, *Maruca vitrata* Fabricius(Lepidoptera: Crambidae) [J]. PLoS One, 2015, 10(10): e0141208.

Zhou X H, Ban L P, Iovinella I, *et al.* Diversity, abundance, and sex-specific expression of chemosensory proteins in the reproductive organs of the locust *Locusta migratoria* manilensis [J]. Journal of Biological Chemistry, 2013, 394(1): 43-54.

Zhou Y, Qin D Q, Zhang P W, *et al.* The comparative metabolic response of *Bactrocera dorsalis* larvae to azadirachtin, pyriproxyfen and tebufenozide [J]. Ecotoxicology and Environmental Safety, 2020, 189: 110020.

第2章

气味结合蛋白在橘小实蝇雄成虫识别甲基丁香酚过程中分子功能的研究

2.1 引言

经过长期的进化，昆虫可以精准地利用性信息素、驱避剂和引诱剂等化学信息物质作为通信信号，寻找和定位寄主植物、配偶、产卵场所和躲避天敌等（Zheng *et al*., 2013; Jayanthi, 2014; Liu *et al*., 2016）。昆虫主要依靠高度敏感的嗅觉系统来辨别不同的化学信息物质，从而调节上述重要的生命活动。昆虫触角上分布着各种嗅觉感器，是参与气味识别的主要结构。昆虫的气味结合蛋白（OBPs，odorant binding protein）广泛分布在触角感受器的淋巴液中，是连接昆虫与外界环境中的化学信息物质的重要蛋白，外界疏水性的气味分子穿透触角上表皮细胞间的孔道进入到触角感器淋巴液后，首先与特异的 OBPs 结合，然后气味分子-气味结合蛋白复合物穿过水溶性的感器淋巴液转运至 ORs，从而启动信号转导级联，最终产生相关的行为反应（Vogt *et al*., 1999; Pelosi *et al*., 2005; Sato *et al*., 2008; Taylor *et al*., 2008; Silbering *et al*., 2011; Siciliano *et al*., 2014）。近年来，以 OBPs 作为分子靶标阐明活性化合物调控昆虫的行为分子机制，筛选、合成昆虫新型驱避剂或引诱剂成为研究者关注的焦点（Gotzek *et al*., 2011; Vandermoten *et al*., 2011; Tsitsanou *et al*., 2012）。研究表明，OBP1 在冈比亚按蚊 *Anopheles gambiae* 雌成虫识别吲哚过程中起着重要作用（Biessmann *et al*., 2010）。沉默致倦库蚊 *Culex quinquefasciatus* 中的 *OBP1* 降低了其对几种产卵引诱剂的触角电生理反应（Pelletier *et al*., 2010）。通过分子对接和分子动力学模拟试验，Jayanthi *et al*.（2014）研究了 25 种信息化合物与橘小实蝇 GOBP 的结合能力，为筛选活性化合物提供了理论依据。沉默 *OBP83a-2* 基因显著降低了橘小实蝇成虫寻找、定位引诱信息物的能力（Wu *et al*., 2016）。因此，通过对害虫触角 OBPs 基因及其功能的研究，不仅可以阐明昆虫嗅觉识别的分子机制，而且可以为开发干扰害虫寄主定位和交配行为的行为调控剂提供新的分子靶标和新的研究思路。

相对和绝对定量同位素标记技术（Isobaric tags for relative and absolute quantitation，iTRAQ）是近年来蛋白质组学研究中新兴的一种多肽体外标记定量的新技术，它可以在复杂的生物样品中提供非常可靠的候选蛋白分子的定量比较与鉴定结果（Karp *et al*., 2010; Su *et al*., 2015; Xu *et al*., 2016）。到目前为止，这种新颖的蛋白质组学技术已经成功地应用于烟粉虱 *Bemisia tabaci*（Yang *et al*., 2013）、刺参 *Apostichopus japonicas*（Xu *et al*., 2016）、东亚飞蝗 *Locusta migratoria*（Tu *et al*., 2015）以及淡色库蚊 *Culex pipiens pallens*（Wang *et al*., 2015）等多种生物的相关蛋白组学研究。

由于橘小实蝇幼虫期的取食为害习性，目前防治成虫是防控该虫的主要策略。

利用引诱剂诱捕法是降低实蝇类害虫田间种群数量的重要防治策略，高效引诱剂ME已被全世界广泛地用于监测和根除橘小实蝇雄成虫（Vargas and Prokopy, 2006; Jayanthi *et al*., 2012; Shelly, 2016）。然而，ME具有致癌性和仅能诱捕到性成熟的橘小实蝇雄成虫等缺点（Miller *et al*., 1983; Shelly 1997; Smith *et al*., 2002; Khrimian *et al*., 2009; Zheng *et al*., 2012）。阐明橘小实蝇雄成虫识别ME的分子机制可为开发高效、绿色和可持续的诱杀剂来监测和控制橘小实蝇田间种群数量提供必要的理论依据。Shelly（1997）和郭庆亮等（2010）研究发现，在实验室条件下通过人为的汰选，子代橘小实蝇雄成虫对ME无趋性的比例显著增加，表明这种无趋性雄成虫的嗅觉生理缺陷特征会遗传给子代。因此，本书作者推测橘小实蝇雄成虫识别、感受ME的过程被特异的嗅觉相关基因所控制。在本章节研究中，本书作者也汰选出对ME无趋性的雄成虫群体，进一步采用iTRAQ技术结合LC-MS/MS分析的方法对ME有趋性和无趋性的性成熟橘小实蝇雄成虫触角的蛋白质组学进行了比较分析。本书作者鉴定并发现了一种气味结合蛋白（OBP2）在有趋性的雄成虫触角中高表达，通过分子生物学的方法进一步研究了OBP2的分子特征、表达模式及在性成熟雄成虫识别ME过程中的分子功能。

2.2 材料与方法

2.2.1 供试昆虫

橘小实蝇遗传性别品系（GSS），在华南农业大学昆虫生态实验室已人工饲养30代左右，雌成虫的蛹为白色，雄成虫的蛹为褐色。

饲养条件：温度为27℃±1℃，相对湿度为75%±1%，光周期为L∶D=14h∶10h；幼虫使用人工饲料（白砂糖1000g+酵母粉1000g+玉米粉5000g+纤维1000g+苯甲酸钠20g+香蕉5000g+浓盐酸40mL+水8L）饲养，幼虫发育至3龄老熟幼虫后取出，放入装有湿度约30%细沙的桶中化蛹，3d后用40目的筛子将蛹筛出，放置35cm×35cm×35cm养虫笼中，于（27±1）℃下放置待羽化；成虫羽化后使用水和人工饲料（酵母粉∶蔗糖=1∶1）饲养（Chang *et al*., 2006）。

2.2.2 供试试剂与耗材

Trypsin：Promega公司

SCX 色谱柱：美国 PolyLCInc
BCA 定量试剂盒：碧云天 P0012
甘油、溴酚蓝、BSA：上海生工公司
琼脂糖凝胶回收试剂盒：美国 Axygen 公司
2×Taq PCR MasterMix：天根生化科技有限公司
二甲基亚砜（DMSO）：美国 Sigma-Ald rich 公司
无水乙醇（分析纯）：天津市富宇精细化工有限公司
矿物油 Mineral oil（MO）：上海安耐吉化学有限公司
iTRAQ Reagent-4/8plex Multiplex Kit：AB SCIEX 公司
C18 Cartridge、Tris、三氟乙酸、NH_4HCO_3：Sigma 公司
质粒 DNA 小量提取试剂盒：杭州莱枫生物科技有限公司
反转录试剂盒（RR047A）：宝生物工程（大连）有限公司
大肠杆菌感受态细胞 DH5α：杭州索莱尔博奥技术有限公司
总 RNA 提取试剂盒（9767）：宝生物工程（大连）有限公司
SYBR Premix ExTaq 荧光定量试剂盒：天根生化科技有限公司
PMD-18-T Vector Cloning 试剂盒：宝生物工程（大连）有限公司
RR02MA Takara LA Taq 高保真酶：宝生物工程（大连）有限公司
98%甲基丁香酚 Methyl eugenol（ME）：上海安耐吉化学有限公司
高保真酶 Phanta Max Super-Fidelity DNA polymerase：诺唯赞生物科技有限公司
MEGAscript® RNAi AM1626 Kit：赛默飞世尔科技（中国）有限公司
甲酸、乙氰、甲醇（色谱纯）、丙酮、HCl、KH_2PO_4、SDS、KCl 等：天津科密欧化学试剂有限公司

2.2.3 主要仪器

电泳仪：GE Healthcare EPS601
超声破碎仪：宁波新芝 JY92-II
PCR 扩增仪：德国 Eppendorf 公司
低温高速离心机：德国 Eppendorf 公司
真空离心浓缩仪：德国 Eppendorf 公司
可调量程移液枪：德国 Eppendorf 公司
MP Fastprep-24 匀浆仪：MP Biomedicals
高温高压灭菌锅：日本 HIRAYAMA 公司
超净工作台：苏州安泰空气技术有限公司

Plus 酶联免疫检测仪：美国 Bio-RELD 公司
QYC200 摇床：上海福玛实验设备有限公司
奥林巴斯 BX51 型荧光显微镜：Olympus 公司
CHB-202 恒温金属浴：杭州博日科技有限公司
AKTA Purifier 100 纯化仪：GE Healthcare 公司
Bioprep-24 组织破碎仪：杭州奥盛仪器有限公司
ELGA LA 超纯水仪：英国 ELGA Lab Water 公司
NanoDrop2000：赛默飞世尔科技（中国）有限公司
FemtoJet express 显微注射仪：德国 Eppendorf 公司
SZ-93 自动双重纯水蒸馏器：上海亚容生化仪器厂
Q Exactive 质谱仪：赛默飞世尔科技（中国）有限公司
Easy nLC 色谱系统：赛默飞世尔科技（中国）有限公司
Sartotius-BP121S 型电子分析天平：德国赛多利斯公司
IMS-20 全自动雪花制冰机：常熟市雪科电器有限公司
Multiskcan FC 酶标仪：赛默飞世尔科技（中国）有限公司
101 型高温电热鼓风干燥箱：上海一恒科学仪器有限公司
Stratagene Mx3005P 实时荧光定量 PCR 仪：美国 Agilent Technologies 公司

自制 ME 诱捕器：取矿泉水瓶（500mL）在其中上部开 4 个小孔，将 0.1mL 离心管剪掉盖子和底（使其孔径刚好让橘小实蝇通过），分别插入 4 个小孔中，然后在瓶中挂一个含有 500μL ME 的棉芯。

2.2.4 溶液的配置

（1）Amp 青霉素（100mg/mL）：称量 5g 氨苄青霉素（Ampicillin）置于 50mL 离心管中，加入 40mL ddH_2O，充分混合溶解后，定容至 50mL，用 0.22μm 针头过滤器过滤除菌，小份分装（2mL/份）后，–20℃保存（注：Amp 青霉素不耐高温，待培养基冷却至 50℃左右加入）。

（2）LB 液体培养基（1L）：称取胰蛋白胨 Tryptone 10g、酵母提取物 Yeast Extract 5g、氯化钠 NaCl 10g 置于 1L 烧杯中，加入约 800mL ddH_2O，充分搅拌溶解，再定容至 1000mL，用 5mol/L NaOH 溶液调 pH=7.0，高压湿热灭菌 121℃，20min，4℃保存。

（3）LB/Amp 液体培养基：待 1000mL 的 LB 液体培养基高压湿热灭菌冷却至常温后，加入 1mL Amp 青霉素（100mg/mL）后均匀混合，4℃保存。

（4）LB 固体培养基：在 LB 液体培养基高压湿热灭菌前，加入 1.6g/100mL 的琼脂糖 Agarose（即 100mL 中加 1.6g 琼脂糖粉），然后高压湿热灭菌 121℃，20min，常温保存。

（5）LB/Amp 固体培养基：当 1000mL 的 LB 固体培养基高温高压灭菌（或微波炉加入融化）后，不停摇动容器使其冷却至45℃左右，在超净工作台中加入 1mL Amp 青霉素（100mg/mL）后均匀混合，铺制平板，冷凝后 4℃保存。

（6）电泳液 50×TAE Buffer（pH=8.5）：称取 Tris 242g 和 $Na_2EDTA \cdot 2H_2O$ 于 1L 烧杯中，向烧杯中加入 800mL 的去离子水，充分搅拌溶解；再加入 57.1mL 的醋酸，充分搅拌；用去离子水定容至 1L 后，室温保存。工作液稀释为 1×TAE 缓冲液 Buffer。

2.2.5 试验方法

2.2.5.1 人工筛选对 ME 无趋性的橘小实蝇性成熟雄成虫

参考 Shelly（1997）和郭庆亮等（2010）的方法，本书作者在实验室内采用“二次诱捕法”筛选对 ME 无趋性的橘小实蝇（GSS 品系）雄成虫，具体步骤如下：首先将同一世代的 GSS 橘小实蝇雌、雄蛹根据蛹色分开并放置于 1.0m×1.0m×1.0m 的养虫笼中饲养，当雄成虫羽化 15d 后，于上午 9：00 将含有 1.0mL ME 的诱捕器放入雄成虫笼中，引诱处理 2h 后取出诱捕器并丢弃诱捕到的雄成虫；笼中剩余的雄成虫继续正常饲养，3d 后采取同样的诱捕方法剔除对 ME 有趋性的雄成虫，养虫笼中剩余的雄成虫即为对 ME 无趋性的雄成虫。然后，向养虫笼内引入适量的同代同龄的 GSS 品系雌成虫，让其自由交配，收集卵并饲养得到子代，按照上述方法一直筛选饲养到 F6 代为止（图 2.1）。以同代同龄正常饲养的橘小实蝇 GSS 品系为对照组。

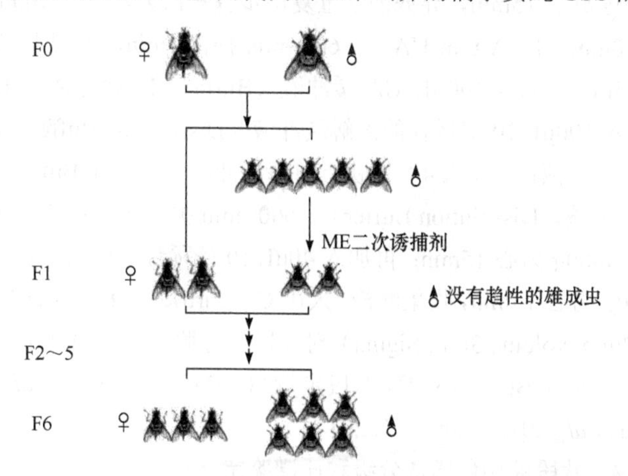

图 2.1 人工筛选每代性成熟雄成虫对甲基丁香酚无趋性的方法

筛选组和对照组的各世代雄成虫羽化 15d 后，在室内测试其对 ME 的趋性。首先，随机选取 200 头雄成虫，然后按照上述的“二次诱捕法”测试其对 ME 的趋性能力，最后，按公式（2.1）计算对 ME 无趋性成虫的比例。设置 3 次生物学重复，每 200 头作为一个生物学重复，实验条件为 27℃±1℃，相对湿度为 75%±1%。

$$\text{对ME无趋性雄成虫比例(\%)} = \frac{\text{未被ME引诱的雄成虫数量}}{\text{测试雄成虫总数}} \times 100\% \qquad (2.1)$$

2.2.5.2 iTRAQ 技术分离、鉴定对 ME 有无趋性橘小实蝇雄成虫的触角差异蛋白

2.2.5.2.1 橘小实蝇雄成虫触角蛋白质提取、消化和 iTRAQ 标记

收集 F6 代对 ME 有趋性和无趋性的橘小实蝇雄成虫触角（羽化日龄为 18d，每个样约 1200 头，共 6 个样），液氮速冻后放–80℃待 iTRAQ 分离、鉴定使用。在触角中加入适量 SDT 裂解液（包含 4%十二烷基硫酸钠 SDS 和 150mmol/L pH 8.0 Tris-HCl），转移至预先装有适量石英砂（组织样品另外加入 1 颗 1/4 英寸陶瓷珠 MP 6540-424）的 2mL 离心管中，应用 MP 匀浆仪进行匀浆破碎 2 次（24×2，6.0m/s，60s）。然后超声（80W，工作 10s，间歇 15s，循环 10 次），沸水浴 15min。14000*g* 离心 40min，取上清液并采用 0.22μm 滤膜过滤，收集滤液。采用 BCA 蛋白检测试剂盒（Bio-Rad, USA）法进行蛋白质定量。然后取各样品蛋白质 20μg，分别加入 5×上样缓冲液，沸水浴 5min，进行 12.5% SDS-PAGE 电泳（恒流 14mA，90min），考马斯亮蓝染色，进行各样品蛋白质质量检测。最后将合格样品分装，–80℃保存。

各样品取 30μL 蛋白质溶液，分别加入 DTT 至终浓度为 100mmol/L，沸水浴 5min，冷却至室温。加入 200μL 尿素缓冲液（UA Buffer）混匀，转入 10kD 超滤离心管中，14000*g* 离心 15min，弃滤液（重复该步骤一次）。加入 100μL IAA 缓冲液（Buffer）（100mmol/L IAA in UA），600r/min 振荡 1min，室温避光反应 30min，14000*g* 离心 15min。加入 100μL UA 缓冲液（Buffer）14000*g* 离心 15min，重复该步骤两次。加入 100μL 10 倍稀释的溶解缓冲液（Dissolution Buffer），14000*g* 离心 15min，重复该步骤两次。加入 40μL 胰蛋白酶缓冲液（Trypsin Buffer）（4μg Trypsin in 40μL 溶解缓冲液，Dissolution Buffer），600r/min 振荡 1min，37℃放置 16～18h。换新收集管，14000*g* 离心 15min；再加入 40μL 10 倍稀释的溶解缓冲液（Dissolution Buffer），14000*g* 离心 15min，收集滤液。采用 C_{18} Cartridge（Empore™ SPE Cartridges C18, bed I.D. 7mm, volume 3mL, Sigma）对肽段进行脱盐，肽段冻干后加入 40μL 溶解缓冲液（Dissolution Buffer）复溶，肽段定量（OD280）（Conesa *et al*., 2005; Briolant *et al*., 2010; Xu *et al*., 2016; Han *et al*., 2017）。

2.2.5.2.2 肽段液相色谱法分级和质谱鉴定

各样品分别取 100μg 肽段，按照 AB SCIEX 公司 iTRAQ 标记试剂盒（Applied

Biosystems, Foster City, CA, USA）说明书进行标记。将每组标记后的肽段混合，采用AKTA Purifier 100进行分级。缓冲液A液为10mmol/L KH_2PO_4, 25% ACN, pH 3.0，B液为10mmol/L KH_2PO_4, 500mmol/L KCl, 25% ACN, pH 3.0。色谱柱以A液平衡，样品由进样器上样到色谱柱进行分离，流速为1mL/min。液相梯度如下：0～22min，B液线性梯度从0～8%；22～47min，B液线性梯度从8%～52%；47～50min，B液线性梯度从52%～100%；50～58min，B液维持在100%；58min以后，B液重置为0%。洗脱过程中监测214nm的吸光度值，每隔1min收集洗脱组分，共计收集洗脱组分约30份。将样品合并为6份，分别冻干后采用C18 Cartridge脱盐。

然后每份样品采用纳升流速的HPLC液相系统Easy nLC进行分离。缓冲液A液为0.1%甲酸水溶液，B液为0.1%甲酸乙腈水溶液（乙腈为84%）。色谱柱以95%的A液平衡，样品通过自动进样器上样到上样柱（Thermo Scientific Acclaim PepMap100, 100μm*2 cm, nanoViper C18），经过分析柱（Thermo scientific EASY column, 10cm, ID75μm, 3μm, C18-A2）分离，流速为300nL/min。根据项目实验方案选择相应的液相梯度：1小时梯度：0～50min，B液线性梯度从0～35%；50～55min，B液线性梯度从35%～100%；55～60min，B液维持在100%。

样品经色谱分离后用Q-Exactive质谱仪进行质谱分析与鉴定。检测方式为正离子，母离子扫描范围300～1800m/z，一级质谱分辨率为70000at 200m/z，AGC target为3e6，一级Maximum IT为10ms，Number of scan ranges为1，Dynamic exclusion为40.0s。多肽和多肽碎片的质量电荷比按照下列方法采集：每次全扫描（full scan）后采集10个碎片图谱（MS2 scan），MS2 Activation Type为HCD，Isolation window为2m/z，二级质谱分辨率17500at 200m/z，Microscans为1，二级Maximum IT为60ms，Normalized Collision Energy为30eV，Underfill为0.1%。

2.2.5.2.3 蛋白质功能与通路注释

质谱分析原始数据为RAW文件，用软件Mascot2.2（Matrix Science, London, UK; v.2.2）和Proteome Discoverer1.4（Thermo, Pittsburgh, USA）进行查库（Uniprot_*Bactrocera_dorsalis*_19817_20160321.fasta；19817 sequences, download Mar 21, 2016）鉴定及定量分析。结果发现4622种蛋白质的错误发现率（False Discovery Rate，FDR）不足1%，使用*t*-检验分析对ME有趋性和无趋性的橘小实蝇雄成虫触角中的差异表达蛋白，本书作者筛选认定差异表达蛋白的标准为$P<0.05$以及差异表达倍数≥1.20或≤0.83（Götz *et al.*, 2008）。

利用Blast2GO对鉴定到的橘小实蝇雄成虫触角蛋白进行功能注释（http://www.geneontology.org）（Nakamura *et al.*, 2016），GO注释的过程大致可以归纳为序列比对（Blast）、GO条目提取（Mapping）、GO注释（Annotation）和补充注释（Annotation Augmentation）等四个步骤。

首先，利用本地化序列比对工具NCBI BLAST+（ncbi-blast-2.2.28+-win32.exe）将目标蛋白质集合与适当的蛋白质序列数据库进行比对，并保留满足E-value<=1*e*-3的前10条比对序列进行后续分析。

其次，利用Blast2GO Command Line对目标蛋白质集合中符合条件的比对序列所关联的GO条目进行提取（数据库版本：go_201504.obo，www.geneontology.org）。

在Annotation过程中，Blast2GO Command Line通过综合考量目标蛋白质序列和比对序列的相似性、GO条目来源的可靠度以及GO有向无环图的结构，将Mapping过程中提取的GO条目注释给目标蛋白质序列。完成Annotation后，为进一步提高注释效率，可以通过InterProSca搜索EBI数据库中与目标蛋白质匹配的保守基序（motif），并将motif相关的功能信息注释给目标蛋白质序列；并运行ANNEX对注释信息进一步补充，并在不同的GO类别之间建立联系，以提高注释的准确性。

在KEGG数据库中，KO（KEGG Orthology）是一个基因及其产物的分类体系。在同一条通路上具有相似功能的直系同源基因及其产物被归为一组，并赋予同一个KO（或者K）标签。对橘小实蝇雄成虫触角蛋白质集合进行KEGG通路注释时，利用KAAS（KEGG Automatic Annotation Server）软件，首先通过比对KEGG GENES数据库，将目标蛋白质序列进行KO归类，并根据KO归类自动获取目标蛋白质序列参与的通路信息。

2.2.5.2.4 蛋白质功能及通路富集分析

在对橘小实蝇雄成虫触角蛋白质集合进行GO注释或KEGG通路注释的富集分析时（2.2），通过Fisher精确检验（Fisher's Exact Test），可以比较各个GO分类或KEGG通路在橘小实蝇雄成虫触角蛋白质集合和总体蛋白质集合中的分布情况，来评价某个GO term或KEGG通路蛋白质富集度的显著性水平。

$$P=1-\sum_{i=0}^{m-1}\frac{\binom{M}{i}\binom{N-M}{n-i}}{\binom{N}{n}} \tag{2.2}$$

式中，N代表GO注释的蛋白质总数，n代表差异蛋白质数量，M代表注释到GO条目里的蛋白质总数，m代表注释到GO条目里的差异蛋白质数量。

计算出的P值首先用Bonferroni校正，修正后的P=0.05作为统计学意义的阈值，满足这个条件的GO条目被认为在差异表达的蛋白质中显著丰富的GO条目。通过采用与GO富集分析相同的计算公式，比较分析差异表达蛋白中显著丰富的代谢途径和信号转导通路，其中N代表KEGG注释的蛋白质总数，n代表差异蛋白质数量，M代表注释到KEGG通路里的蛋白质总数，m代表注释到KEGG通路里的差异蛋白质数量。

2.2.5.2.5　蛋白质聚类分析

进行聚类分析时，首先对橘小实蝇雄成虫触角蛋白质集合的定量信息进行归一化处理[归一化到（−1, 1）区间]。其次，使用 Cluster 3.0 软件同时对样品和蛋白质的表达量两个维度进行分类（距离算法：欧几里得，连接方式：Average linkage）。最后，使用 Java Trewview 软件生成层次聚类热图。

2.2.5.3　荧光定量 PCR 验证嗅觉相关蛋白在 mRNA 水平的表达量

2.2.5.3.1　雄成虫触角 RNA 提取步骤

（1）快速收集 200 头左右橘小实蝇成虫触角，放于 1.5mL 灭菌离心管中，放置于干冰或者−80℃冰箱中保存备用（最好立即使用，以免 RNA 降解）；

（2）加入 350μL 裂解 Buffer RL（每 1mL 的 Buffer RL 中加入 20μL 的 50×DTT Solution，此裂解 Buffer 现用现配），再加入 10 粒左右磁珠，在组织破碎仪中破碎 2 次，每次 1min；

（3）4℃，12000r/min 离心 5min；

（4）取 300μL 上清，小心转移至离心柱（gDNA Eraser Spin Colum）中；

（5）4℃，12000r/min 离心 1min；

（6）弃 gDNA Eraser Spin Column，保留滤液；

（7）加 300μL 70%乙醇，用移液枪吸打混匀；

（8）将步骤（7）中混合液全部转入到 RNA 纯化柱（RNA Spin Column）中（RNA Spin Column 的最大容积为 600μL，使用时如果液体的体积超出最大容积，分批加入），12000r/min 离心 1min，弃滤液；

（9）将 RNA Spin Column 置回 2mL 收集管，加 500μL Buffer RWA，12000r/min 离心 30s，弃滤液；

（10）将 RNA Spin Column 置回 2mL 收集管，加 600μL Buffer RWB，12000r/min 离心 30s，弃滤液（首次使用前，向 Buffer RWB 中添加 70mL 的 100%乙醇，沿管壁四周加入 Buffer RWB，利于冲洗沾附在管壁上的盐分）；

（11）重复步骤（10）；

（12）将 RNA Spin Column 置回 2mL 收集管，12000r/min 离心 2min；

（13）将 RNA Spin Column 置于新的 1.5mL 无 RNA 酶收集柱（RNase Collection Tube），静置 10min；在 RNA Spin Column 膜中央加入 25～30μL 的 RNase Free ddH_2O，室温静置 5min，12000r/min 离心 2min 洗脱 RNA；

（14）若要等到高浓度的 RNA，可将第一次洗脱液重新加回至 RNA Spin Column 中，室温静置 5min，12000r/min 离心 2min 洗脱 RNA，−80℃保存。

2.2.5.3.2　RNA 的浓度与质量检测

使用核酸浓度测定仪测定 RNA 浓度与 OD260/280 的值，RNA 完整性凝胶电泳检测步骤如下：

（1）称取 0.24g 琼脂糖放于 100mL 三角瓶中，加入 20mL 1×TAE 溶液；

（2）微波炉加热 1min 左右，待胶溶液冷却至 50℃左右时，加入 1μL Gold View 染色剂；

（3）6×Buffer（缓冲液）1μL+RNA 样品 5μL，DL2000 Maker 5μL，120V 电泳 10min；

（4）凝胶成像系统下拍照、记录。

2.2.5.3.3　cDNA 合成

第 1 步：基因组 DNA 的除去反应体系如下：

试剂	使用量
5g×DNA Eraser Buffer	2.0μL
gDNA Eraser	1.0μL
Total RNA	≈1μg
RNase Free dH_2O	up to 10μL

将混合体系放置 42℃，2min，然后迅速放冰上，其中最好反转录 1μg RNA 的量，RNA 浓度太小时，不添加 RNase Free dH_2O。

第 2 步：反转录反应

试剂	使用量
5×PrimeScrip Buffer 2	4.0μL
PrimeScript RT Enzyme Mix I	1.0μL
RT Primer Mix	1.0μL
上面第1步的反应液	10μL
RNase Free dH_2O	up to 20μL

将混合体系放置 PCR 仪中，37℃15min，85℃ 5s，4℃保存。合成的 cDNA 若不立即使用，可放置于−20℃保存。

2.2.5.3.4　qRT-PCR 验证嗅觉相关蛋白 mRNA 表达量

参考 Li *et al.*（2011）和 Liu *et al.*（2015）的方法中筛选编码嗅觉蛋白的特异嗅觉基因。利用荧光定量 PCR（qRT-PCR）对显著性差异嗅觉蛋白（OBP2、OBP44a、OBA5、OBP69a、OR94b）的基因表达量进行验证。此外，本书作者还挑选了差异表达倍数非常接近 1.2 或 0.83，且 $P<0.05$ 的 11 个与嗅觉相关蛋白（OBP50c、

OB56D-1、OB56D-2、OB99A、OBP15、OB19A、OBP83a-1、PBP2、PBP4-1、PBP4-2、IR84a），并对其基因表达量进行了验证。特别说明的是，由于 OB56D 和 PBP4 在 NCBI 数据库中对应多个基因登录号，虽然命名相同，但基因序列不同，所编码的氨基酸序列也不同，为了便于区分，在本研究中，本书作者将基因登录号为 JAC54939 编号为 OB56D-1，将基因登录号 JAC54940 编号为 OB56D-2；同样的，将基因登录号为 JAC56976 编号为 PBP4-1，将基因登录号 JAC58829 编号为 PBP4-2（表 2.1），以橘小实蝇的 *α-tubulin* 基因（基因登录号：XM_011212814）作为内参基因。利用 DNAman 软件设计特异性引物序列，引物由上海生工生物有限公司合成，序列如表 2.1 所示。

表 2.1　qRT-PCR 验证基因表达量相关引物

蛋白名称 Protein name	NCBI 登录号 NCBI assession number	5'引物序列 Nucleotide sequences（Forward）	3'引物序列 Nucleotide sequences（Reverse）
OBP44a	KP743689	ACGCGCTGCTACATTGAGTG	GTGCATGAGTCCGATTTCTG
OBA5	JAC53417	GGCTAAAGGTTACGTGCTAG	GCCACCAGCTCCATATCGT
OBP69a	KP743698	AGTGACCACTCTGGAGGTG	TCCAAGTGCACGATGTTGTC
OBP2	KC559113	GTTTTGCTAGCCTTTGTCGC	CTTGCATGCACTTGGAGAAG
OBP50c	KP743690	GCAGTAGATCCCTTCGATTG	CAGGTGTCCACATAGCCTTC
OB56D-1	JAC54939	GTCAAGTCGATGGCAAAGTA	CGGTGTCACATTCGTCGGT
OB56D-2	JAC54940	AAAGGTACACGCTGCAGCTG	TCCTCGCCGATCAATTTGCC
OB19A	JAC55484	TCGGATCAAGTTTCTGGCGG	CCTTTCTTCATCGTTTGCATC
OB99A	JAC40366	CAATGAAGTGCACAGCGTTC	GTCCGGATAATCAAAGTTGTC
OBP83a-1	KP743699	CACGTACAGGCACAGGAAC	GTCACCGTTATCGTCCACC
OBP15	KP247429	CTAGTGGATAAGTACAAGGCG	GCTTCCTTTGCGCAATTCTC
PBP4-1	JAC56976	CAGTCTTGCTCTCTCACTGG	AACGGTATTGTGTAACTGGC
PBP4-2	JAC58829	CGACCTGCCAGAAATAGTTG	CGATGGCATAACTACGTACAC
PBP2	JAC56563	CTTGATTGTTTGTGTGGCGC	CATCACCATTCATCGCACCG
OR94b	KP743733	ACCGTTGTCGTGTTCGCTTG	GCTCAGACGCCAACCAATC
IR84a	KP743673	CGATCTGCGCATTGGTATTG	GCCGGTAGAAAATGCTGCAG
α-tubulin	XM_011212814	CGCATTCATGGTTGATAACG	GGGCACCAAGTTAGTCTGGA

在进行荧光定量试验之前，首先要通过溶解曲线进行引物特异性检测。将 cDNA 模板稀释 10 倍，选取 5 个浓度梯度做标准曲线，使用目的基因与内参基因的扩增效率在 90%～100%的引物做为验证基因表达量的 qRT-PCR 引物。

收集对 ME 有趋性和无趋性橘小实蝇雄成虫的触角，按照本章 2.2.5.3.1 和 2.2.5.3.2 的方法提取触角总 RNA 和合成第一链 cDNA，设置 3 次生物学重复。将反转录合成的第一链 cDNA 稀释 10 倍，作为 qRT-PCR 反应的模板，每个目标基因在同一模板中的荧光定量试验技术性重复 3 次。根据天根公司的 SYBR Premix ExTaq 荧光定量试剂盒说明方法建立 20μL 的 qRT-PCR 反应体系。采用相对定量数据分析 $2^{-\Delta\Delta CT}$ 法（Livak and Schmittgen, 2001）进行数据分析，所得数据即为该基因在不同样本中的相对表达量水平，利用 SAS 9.0 软件对目的基因在不同样本的相对表达水平进行差异性显著分析。

试剂	20μL使用量
2×SYBR Green Supermix	10μL
正向引物Forward Primer（10μmol/L）	1.0μL
反向引物Reverse Primer（10μmol/L）	1.0μL
cDNA模板	1.0μL
RNase Free dH_2O	7.0μL

在 Stratagene M×3000P thermal cycler（Agilent Technologies, Wilmington, Germany）上反应程序如下：

温度	反应时间	
95℃	15min	
95℃	10s	40个循环
55℃	20s	
72℃	20s	

2.2.5.4 *OBP2*、*OBP50c*、*OB56D-1* 和 *OB56D-2* 基因序列分析与系统发育树构建

从 NCBI（National Center for Biotechnology Information）数据库中获得 4 个靶标基因 *OBP2*、*OBP50c*、*OB56D-1* 和 *OB56D-2* 的核苷酸序列和氨基酸序列，以南瓜实蝇、瓜实蝇、辣椒实蝇和地中海实蝇等实蝇科昆虫的 OBPs 为参照对象，利用 MEGA 7.0 软件（Molecular Evolutionary Genetics Analysis, Version 4.0, Sudhir Kumar, USA）的邻接法（Neighbor-Joining）构建系统发育树，通过 iTOL（Interactive Tree Of Life，http://itol.embl.de）在线软件美化树形，将在 N 端中分散的信号多肽移除，以重复抽样 1000 次进行 Bootstrap 验证，分析评估系统进化树的拓扑结构的稳定性。

2.2.5.5 不同日龄橘小实蝇成虫对 ME 的趋性及 *OBP2*、*OBP50c*、*OB56D-1* 和 *OB56D-2* 的表达量分析

分别随机选择 200 头羽化 3d、15d 的雄成虫和 15d 雌成虫，放于 1.0m×1.0m×1.0m

的养虫笼中，适应30min后，将含有500μL甲基丁香酚ME的诱捕器放于笼中央，对照组放置不含ME的诱捕器。处理2h后（9:00am-11:00am），统计处理组和对照组诱瓶中橘小实蝇的数量。每处理重复3次。

另外，分别提取未经ME处理的3d、15d的雄成虫和15d雌成虫触角的总RNA，反转录为cDNA，然后采用qRT-PCR的方法检测*OBP2*、*OBP50c*、*OB56D-1*和*OB56D-2*的表达量。

2.2.5.6 ME对*OBP2*、*OBP50c*、*OB56D-1*和*OB56D-2*在性成熟雄成虫触角内表达量的影响

参照Zheng *et al.*（2012）的方法，随机选择200头羽化15d的雄成虫，放于35cm×35cm×35cm的养虫笼中，饥饿处理12h。将500μL的ME（1∶1与矿物油混合）滴加到滤纸上，放置于直径为3.5cm的培养皿中，然后放置于养虫笼中喂食橘小实蝇雄成虫，对照组仅喂食同样的矿物油MO。1h和2h后，分别提取处理组和对照组中橘小实蝇雄成虫触角总RNA，反转录合成第一链cDNA，然后采用qRT-PCR的方法检测*OBP2*、*OBP50c*、*OB56D-1*和*OB56D-2*的表达量。每次试验3次生物学重复。

2.2.5.7 *OBP2*、*OBP50c*、*OB56D-1*和*OB56D-2*生物学功能研究

2.2.5.7.1 *OBP2*、*OBP50c*、*OB56D-1*和*OB56D-2*的基因dsRNA引物设计

在RNAi研究中dsRNA指的是相对于小片段siRNA的长的双链RNA，是诱导靶标基因mRNA沉默的关键分子。一般设计的dsRNA基本覆盖在mRNA的ORF区域，根据现有的研究经验，靠近mRNA 3'端设计的dsRNA有相对较高的沉默效率（田宏刚和张文庆, 2012; 田宏刚等, 2013）。试剂盒合成时首先要根据目的基因的mRNA序列设计引物以扩增目的片段，设计的用于合成dsRNA的引物在其5'端含有一段T7启动子序列（TAATACGACTCACTATAGGGAGACCAC）来转录形成ssRNA。根据*OBP2*、*OBP50c*、*OB56D-1*和*OB56D-2*的基因序列，利用DNAman软件设计特异性引物，GFP基因（基因登录号：AHE38523）作为对照基因，RNAi引物序列如表2.2所示。

表2.2 靶标基因RNAi试验相关引物

蛋白名称 Protein name	引物序列 Nucleotide sequences
dsOBP2 F	TAATACGACTCACTATAGGGAGACCACCTTCTCCAAGTGCATGCAAG
dsOBP2 R	TAATACGACTCACTATAGGGAGACCACAAATCCAAGCCCTCGTGCC
dsOBP50c F	TAATACGACTCACTATAGGGAGACCACGCAGTAGATCCCTTCGATTG

续表

蛋白名称 Protein name	引物序列 Nucleotide sequences
dsOBP50c R	TAATACGACTCACTATAGGGAGACCACGCAGTAGATCCCTTCGATTG
dsOB56D-1 F	TAATACGACTCACTATAGGGAGACCACGTCAAGTCGATGGCAAAGTAA
dsOB56D-1 R	TAATACGACTCACTATAGGGAGACCACGCCCAGCTGCATAACATTGG
dsOB56D-2 F	TAATACGACTCACTATAGGGAGACCACCAAGTCGATGGCAAAGTCAAA
dsOB56D-2 R	TAATACGACTCACTATAGGGAGACCACGCCCAGCTGCATAACATTGG
dsGFP F	TAATACGACTCACTATAGGGGAGACCACACGGCCACAAGTTCAGCGT
dsGFP R	TAATACGACTCACTATAGGGGAGACCACGACCACTACCAGCAGAACA

注：表中下划线的核酸序列为 T7 启动子序列。

2.2.5.7.2 *OBP2*、*OBP50c*、*OB56D-1* 和 *OB56D-2* 的基因 T7 引物 PCR 扩增

以羽化 15d 橘小实蝇雄成虫触角 cDNA 为模板，用一对 5'端含 T7 启动子序列的特异性引物，进行 PCR 扩增，获得 5'端含 T7 启动子序列的 DNA 模板。PCR 反应体系和反应程序如下：

PCR 反应体系（50μL）：

cDNA Template　2μL
dNTP Mixture（2.5mmol/L）　4μL
10×Buffer　5μL
10μmol/L primer F（T7启动子）　1μL
10μmol/L primer R（T7启动子）　1μL
LA-Taq polymerase Takara（RR02MA）　0.5μL
ddH_2O to　50μL

PCR 反应程序：

1. 94℃预变性　4min
2. 94℃变性　30s
3. 56℃退火　30s
4. 72℃延伸　1min/kb
（2～4 步：30个循环）
5. 72℃　10min

其中，由于扩增的基因长度不同，延伸时间也不同，*OBP2*、*OB56D-1*、*OB56D-2* 延伸时间为 20s，*OBP50c* 延伸时间为 30s。另外，PCR 扩增时可将每个目的基因扩增 2～3 管，胶回收到 1 管，增加回收量。

2.2.5.7.3 PCR反应产物电泳观察

DNA电泳检测采用琼脂糖凝胶电泳，用常规电泳配制1%的琼脂糖凝胶，待凝胶稍冷却后加入2μL EB或Gold-view混匀。制备小块回收胶（0.3g琼脂糖+30mL 1×TAE Buffer）或大块回收胶50mL（0.5g琼脂糖+50mL 1×TAE Buffer），上样Buffer为6×Loading Buffer（Takara）6μL，电泳电压按照电泳槽的规格一般采用120V电泳15～20min，电泳结果在凝胶成像仪中观察。

2.2.5.7.4 PCR反应产物回收、纯化

利用Axygen凝胶回收试剂盒进行DNA凝胶回收，具体试验步骤如下：

(1)电泳结束后，切取含目的DNA片段的凝胶置于2mL离心管中，称重(100mg为一个凝胶体积)；

（2）加入3倍凝胶体积（凝胶体积换算：100mg=100μL）的DE-A（一般最多加600μL的DE-A），金属浴或水浴65℃温育，期间可上下振荡使凝胶完全溶解；

（3）加入1/2个DE-A体积的DE-B，上下混匀（当分离的DNA片段小于400bp时，需再加入一个凝胶体积的异丙醇）；

（4）将混合液转移至纯化柱中（至多800μL），室温静置10min，12000r/min离心1min；将剩余混合液再次转入纯化柱中，12000r/min离心1min；

（5）弃滤液，将纯化柱放回离心管中，加入500μL的W1（Washing Buffer 1），12000r/min离心1min；

（6）弃滤液，加入700μL的W2即Washing Buffer 2（Washing Buffer 2初次使用前需按照试剂瓶上指定的体积加入无水乙醇，混合均匀），12000r/min离心1min；

（7）重复前面步骤（6），弃滤液，空管12000r/min离心1min，以去除膜上残留的洗涤液；

（8）将吸附柱置于新的1.5mL离心管，膜中央加入20μL 65℃（温度不可太高）预热的ddH_2O，静置5min后12000r/min离心1min，可将离心管中收集的DNA液体重新加入吸附膜上，离心，洗脱，以提高DNA的回收量。

2.2.5.7.5 胶回收产物T载体克隆连接反应

使用PMD-18-T Vector Cloning试剂盒（Takara K7601BD）进行连接反应，具体试验步骤如下：

T载体克隆连接反应体系（10μL）：

DNA回收产物	4.5μL
PMD18-T Simple Vector	0.5μL
Solution I	5μL

金属浴16℃反应30min，即可进行大肠杆菌感受态细胞转化。

2.2.5.7.6 T载体连接产物在大肠杆菌感受态细胞转化

大肠杆菌感受态细胞 DH5α 购于 Transgen-杭州索莱尔博奥技术有限公司，实验室保存于–80℃备用。

（1）从冰箱中取出 50μL 分装好的感受态细胞 DH5α，冰上放置 5min 解冻；

（2）将解冻的感受态细胞 DH5α 加入 10μL 连接产物，轻柔混匀，冰上放置 30min；

（3）42℃水浴中热击 45s，并迅速置于冰上冷却 3min，该过程不要摇动离心管；

（4）取出放室温，加入 500μL LB 液体培养基（不含 Amp+），37℃摇床 200rpm 培养 1h，使细菌复苏，并表达质粒上编码相应抗生素的抗性基因；

（5）3000r/min 离心 3min，弃去部分培养基，仅保留 100～200μL，移液枪吸打悬浮后，用涂菌环涂布于含相应抗生素的 LB 平板上，倒置平板，37℃过夜培养 16～24h；

（6）挑取 8～16 个单菌落作为模板，进行菌落 PCR 反应，对正确的克隆进行初步鉴定。

注：对于需要进行蓝白斑筛选克隆的试验，需要在菌体悬浮液中加入 40μL 2% X-gal 和 7μL 20% IPTG 后再涂布于含 Amp 的 LB 培养基上，37℃过夜培养后如果蓝斑显色不充分，可以将平板放置数小时，待蓝斑充分显色后再进行克隆鉴定（白色）。

2.2.5.7.7 菌落 PCR 验证

用无菌牙签挑取圆润的单菌落，先放 PCR 验证体系管中（A），轻轻搓动几下，再放入对应的 B 管（添加 100μL LB Amp+液体培养基）中，然后将 B 管放 37℃下培养 6～8h，然后放 4℃保存。菌落 PCR 结束后，通过 1%琼脂糖凝胶电泳验证，取条带正确的对应 B 管中菌液 50μL 送测序，其余放 4℃保存。

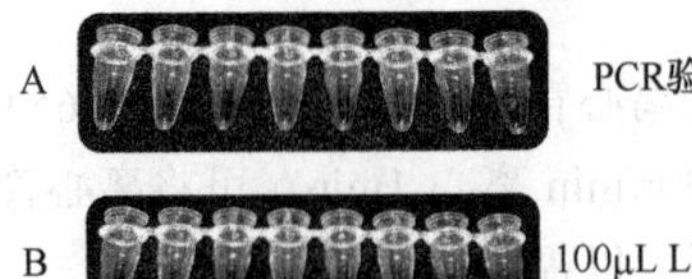

PCR 验证反应体系（25μL）：

Bacteria clone单个菌斑	1
2×Taq PCR Master Mix	12.5μL
10μmol/L primer F（T7启动子）	1μL
10μmol/L primer R（T7启动子）	1μL
ddH_2O to	25μL

PCR 反应程序：

步骤	时间	
1. 94℃预变性	4min	
2. 94℃变性	30s	30个循环
3. 56℃退火	30s	
4. 72℃延伸	30s	
5. 72℃	10min	

2.2.5.7.8 甘油存菌

（1）在超净工作台将LB（Amp+）液体培养基分装（25mL）至洁净的三角瓶中；

（2）取20μL左右测序正确的菌液加入LB（Amp+）中；

（3）37℃，200rpm摇菌12h，供提取质粒使用；

（4）配制50%的甘油（水∶甘油=1∶1），120℃高压湿热灭菌20min，冷却待用；

（5）取600μL菌液与600μL 50%甘油于1.5mL离心管中，混匀，–80℃保存。

2.2.5.7.9 质粒提取

质粒提取使用杭州莱枫生物科技有限公司的小量质粒快速抽提试剂盒，具体试验操作步骤如下：

（1）取1.5～2mL在LB培养基中过夜培养的菌液加入2mL离心管中，12000r/min室温离心1min；

（2）弃上清，加入250μL含RnaseA的Buffer P1悬浮沉淀，涡旋震荡；

（3）加入250μL Buffer P2，温和轻柔上下混匀3～5次使菌体充分裂解，直至形成透亮黏稠的溶液；

（4）加入350μL Buffer P3，温和轻柔上下混匀4～6次，稍静置后，12000r/min室温离心10min；

（5）小心吸取上清（应避免吸入沉淀）于吸附柱中，稍静置后，12000r/min室温离心1min；

（6）弃滤液，将吸附柱重新放回收集管中，加入500μL W1（Washing Buffer 1），12000r/min室温离心1min；

（7）弃滤液，将吸附柱重新放回收集管中，加入700μL Washing Buffer 2（Washing Buffer 2初次使用前需按照试剂瓶上指定的体积加入无水乙醇，混合均匀），12000r/min室温离心1min；

（8）将吸附柱重新放回收集管，12000r/min室温空离心1min，以除尽膜上残留的Washing Buffer；

（9）将吸附柱放置在新的1.5mL离心管中（静置5min，将Washing Buffer中的乙醇去除），在膜中央小心加入50～100μL 65℃（温度不可太高）预热的ddH_2O，室温静置5min，12000r/min室温离心1min，弃去吸附柱，测定浓度，将所得质粒置于–20℃保存。

2.2.5.7.10 PCR扩增，胶回收、纯化PCR产物作为dsRNA合成的模板

以质粒为模板，使用诺唯赞高保真酶 Phanta Max Super-Fidelity DNA polymerase 进行 PCR 扩增，PCR 反应体系与反应程序如下：

PCR 回收反应体系（50μL）：

质粒	1μL
dNTP Mixture（10mmol/L）	1μL
2×Phanta Max Buffer	25μL
10μmol/L primer F（T7启动子）	2μL
10μmol/L primer R（T7启动子）	2μL
Phanta Max Super-Fidelity DNA polymerase	1μL
ddH_2O to	50μL

PCR 反应程序：

步骤	时间	
1. 95℃预变性	3min	
2. 95℃变性	15s	30个循环
3. 55～58℃退火	15s	30个循环
4. 72℃延伸	1min/kb	30个循环
5. 72℃	5min	

其中，*OBP2*、*OB56D-1*、*OB56D-2* 延伸时间为 20s，*OBP50C* 延伸时间为 30s，PCR 产物用 Axygen 凝胶回收试剂盒回收、纯化，产物经 NanoDrop 2000 检测 DNA 浓度后可作为合成 dsRNA 的模板。

2.2.5.7.11 合成dsRNA

按照 MEGAscript® RNAi AM1626 Kit（Thermo Fisher Scientific, USA）说明合成目的基因的 dsRNA，试验全程均在超净工作台中操作，使用 RNase-free 枪头和离心管，具体操作步骤如下：

第 1 步：配制体外转录反应体系（20μL）

（1）将 T7 Enzyme Mix 从−20℃取出，放在冰上融化、待用；

（2）将 10×T7 Reaction Buffer、ATP、CTP、GTP、UTP 放室温完全融化后，旋涡震荡混匀，短暂离心后，将 ATP、CTP、GTP、UTP 放冰上，10×T7 Reaction Buffer 室温待用；

（3）反应体系在室温下配比，混匀并瞬时离心后，37℃反应 12h（PCR、水浴、金属浴均可）。

试剂	用量
Linear template DNA模板（质粒胶回收产物）	1～2μg
10×T7 Reaction Buffer	2μL
ATP Solution	2μL
CTP Solution	2μL
GTP Solution	2μL
UTP Solution	2μL
T7 Enzyme Mix	2μL
Nuclease-free water	to 20μL

第2步：核酸酶消化及去除DNA和ssRNA反应（冰上操作）（50μL）

用DNase/RNase去除模板DNA和ssRNA，从而获得纯化的dsRNA，按照以下反应体系加入试剂，混匀并瞬时离心后，37℃反应1h（PCR、水浴、金属浴均可）。

试剂	用量
dsRNA（步骤1）	20μL
Nuclease-free water	21μL
10×Digestion Buffer	5μL
DNase I	2μL
RNase	2μL

第3步：dsRNA的纯化

按照以下反应体系加入试剂，用移液枪小心混匀：

试剂	用量
dsRNA（步骤2）	50μL
10×Binding Buffer	50μL
Nuclease-free water	150μL
无水乙醇	250μL

（1）将纯化柱安放在回收管中，将以上500μL dsRNA binding混合液加入纯化柱中，12000r/min离心2min，弃滤液，将纯化柱放回收集管中；

（2）在纯化柱中加入500μL 2×Wash Solution，12000r/min离心2min，弃滤液；再加入500μL 2×Wash Solution清洗一次，其滤液；然后12000r/min空离30s，将纯化柱放新的1.5mL收集管中；

（3）室温下静置2min，加入50～100μL Elution Sollution（提前75℃预热）至纯化柱中央，静置5min，12000r/min离心2min；将滤液再加入纯化柱中，12000r/min离心2min；

（4）取 1μL dsRNA 用 NanoDrop 2000 检测检测浓度，并另取 1μL dsRNA 用 2%琼脂糖凝胶电泳检测其完整性。

2.2.5.7.12 RNAi 沉默雄成虫 *OBP2*、*OBP50c*、*OB56D-1* 和 *OB56D-2* 效率检测及对 ME 趋性的影响

参考已有的文献报道方法（Li *et al*., 2011; Liu *et al*., 2015; Dong *et al*., 2016），分别随机选择 50 头羽化 15d 的橘小实蝇雄成虫，使用 Eppendorf 显微注射仪（Eppendorf Ltd., Germany）从雄成虫腹部第 2 节与第 3 节连接处注入 0.4μL（2,000ng/μL）的 dsRNA，阴性对照组为注射等量的 dsGFP 和 1×Injection Buffer，然后放于 35cm×35cm×35cm 的养虫笼中正常饲养，空白对照组为正常饲养的橘小实蝇。

处理 24h 和 48h 后，统计处理组和对照组橘小实蝇的死亡数。然后将各组存活的雄成虫转移至 1.0m×1.0m×1.0m 的养虫笼中，把含有 500μL 甲基丁香酚 ME 的诱捕器放于笼中央，引诱 2h 后（9:00am-11:00am），统计处理组和对照组引诱橘小实蝇的数量。同时，采用 qRT-PCR 方法检测目的基因（*OBP2*、*OBP50c*、*OB56D-1* 和 *OB56D-2*）的沉默效率。每次试验 5 次生物学重复。

2.2.5.8 数据处理

试验数据应用 SAS 9.20 数据处理平台（SAS Institute Inc. Cary. NC）统计分析，所有的数据都用夏皮罗-威尔克（Shapiro-Wilk）法进行正态分布检验，用 Levene 测试来检测数据的方差齐性。符合正态分布和方差齐同的数据进行方差分析（One-way analysis of variance，ANOVA），并用邓肯氏新复极差法（Duncan's multiple range test，DMRT，P=0.05）和 t-检验（P=0.05）对各处理数据进行差异显著性分析。不符合正态分布的数据使用非参数 Kruskal-Wallis 测试法分析比较中位数，在 0.05 显著性水平上差异的数据使用 Mann-Whitney 检验进行成对比较。所有试验至少重复 3 次，并使用 Origin 9.0 软件绘图。

2.3 结果与分析

2.3.1 人工汰选后对甲基丁香酚无趋性雄成虫比例的变化

室内人工汰选对每代橘小实蝇无趋性雄成虫比例的变化如图 2.2 所示。在人工筛选组中，F1 代中无趋性雄成虫的比例为 14.0%，显著高于对照组 F1 代中无趋性

雄成虫比例6.0%（t=13.86; df=2; P=0.0052）；同样的，人工筛选组F2代中无趋性雄成虫的比例高达28.8%，显著高于对照组F2代中无趋性雄成虫的比例5.3%（t=14.62; df=2; P=0.0046）。结果表明，通过室内人工二次筛选，每代对ME有趋性的橘小实蝇雄成虫个体明显下降；相比之下，对照组各世代（F0-F5）中无趋性雄成虫的比例无显著差异（F=0.24; df=5; P=0.9375）。在人工筛选组F2代至F5代中，无趋性橘小实蝇雄成虫比例保持在一个稳定的水平（28.0%～29.3%），也表明橘小实蝇雄成虫对ME的趋性不会随着人为的筛选而完全消失，即无法建立一种橘小实蝇性成熟雄成虫对ME完全没有趋性的特殊品系。

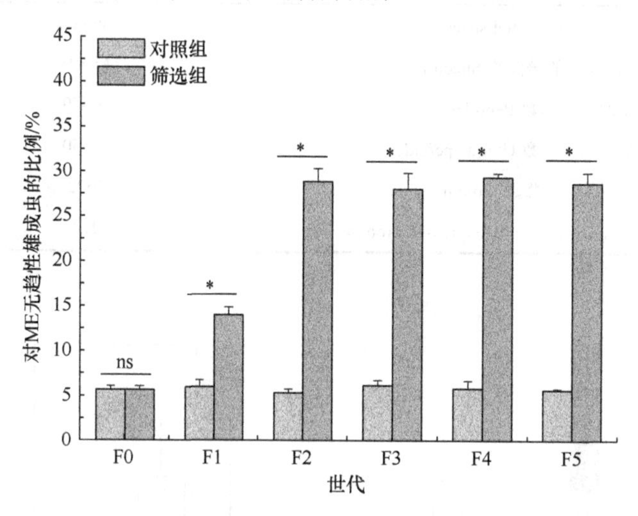

图2.2　人工筛选后每代性成熟雄成虫对甲基丁香酚无趋性的比例

注：柱上符号*表示在0.05水平差异性显著（t-$test$，P＜0.05），每次试验重复3次。

2.3.2　对甲基丁香酚有趋性和无趋性雄成虫触角iTRAQ蛋白组鉴定与结果分析

通过对雄成虫触角蛋白组学进行鉴定分析，共得到二级质谱谱图总数为266460，鉴定肽段匹配到的谱图数位48059，鉴定到的肽段总数为26679；通过质谱分析和数据库比对，共有4622个蛋白质被成功鉴定出来（表2.3）。对ME有趋性和无趋性雄成虫触角总蛋白质表达量变化结果如图2.3B所示，红色的圆圈表示有显著性差异表达蛋白，黑色的圆圈代表无显著性差异表达的蛋白（蛋白表达差异倍数≥1.20或≤0.83，且P＜0.05视为显著差异表达蛋白；FDR＜0.01）。图2.3C代表由277个显著性差异表达蛋白构建的聚类热图，与无趋性雄成虫相比，在有趋性雄成虫触角中共有192个蛋白表达量上调，85个蛋白表达量下调（图2.3A）。在显著性差异表达蛋白中，本书作者筛选出 5 个与橘小实蝇成虫化学通讯相关的差异表达蛋白，包括 4 个气味结合蛋白（OBP2、OBP44a、OBP69a、OBA5）和 1 个气味受体（OR94b）（表 2.4 和附录）。值得注意的是，有趋性雄成虫触角内气味结合蛋白 2（OBP2）的表达量是无趋性雄成虫的 1.34 倍。此外，与能量代谢调节、物质转运与结合的相关蛋白在有趋性和无趋性个体中的表达量存在显著差异性。

表 2.3 触角 iTRAQ 蛋白质组学鉴定结果统计

组名 Group Name	数量 Number
二级质谱图总数 Total spectra	266460
鉴定肽段匹配的谱图数 Spectra	48059
鉴定的肽段总数 Peptides	26679
鉴定到的唯一肽段总数 Unique peptides	25550
鉴定的蛋白质总数 Protein	4622
差异表达蛋白质数 Differentially expressed protein	277

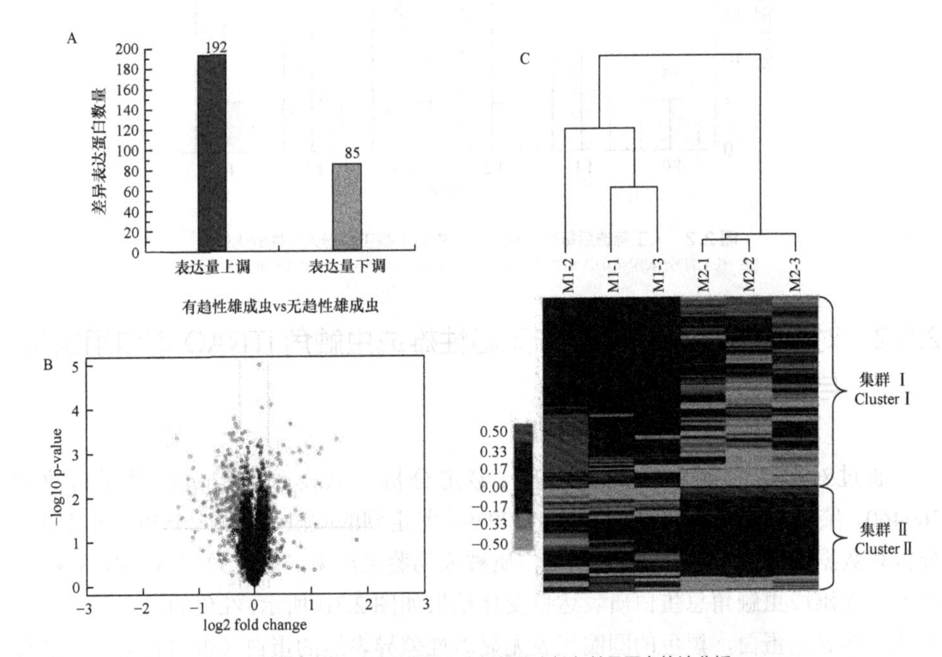

图 2.3 有趋性和无趋性橘小实蝇雄成虫触角差异蛋白统计分析

注：A：有趋性和无趋性橘小实蝇雄成虫触角差异蛋白定量结果统计；B：火山图统计有趋性和无趋性橘小实蝇雄成虫触角总蛋白表达量的变化（红色圈代表显著差异表达蛋白，表达差异倍数≥1.20 或≤0.83，且 $P<0.05$）；C：聚类热图分析差异蛋白表达谱（M1 和 M2 分别代表有趋性和无趋性雄成虫），群集Ⅰ红色部分代表在有趋性雄成虫中表达量上调的蛋白，群集Ⅱ绿色部分代表在有趋性雄成虫中表达量下调的蛋白。

表 2.4　有趋性和无趋性橘小实蝇雄成虫触角差异蛋白鉴定结果（部分结果）

蛋白质登录号	蛋白质信息描述	肽段覆盖率/%	唯一肽段数	肽段总数	分子质量/kDa	无趋性雄成虫/有趋性雄成虫	P 值
Purine metabolism							
A0A034WES2	Head-specific guanylate cyclase	1.48	1	1	6.075/75.578	0.691	0.00116
A0A034WMW0	DNA polymerase delta small subunit	2.34	1	1	6.252/48.460	0.690	0.00323
A0A034W568	Xanthine dehydrogenase	2.20	1	1	7.210/91.164	0.608	0.00882
A0A034VHC1	cAMP-specific 3',5'-cyclic phosphodiesterase	5.68	2	2	5.224/70.722	0.622	0.0107
A0A034W7G2	DNA primase large subunit	1.68	1	1	7.723/62.851	0.669	0.0197
A0A034W8Q9	Trifunctional nucleotide phosphoesterase protein YfkN	5.61	2	2	6.075/65.887	0.667	0.0495
Olfactory transporter							
A0A0G3Z7T5	Odorant binding protein 44a	62.24	12	12	8.207/16.514	1.361	0.00103
A0A034WGF4	Putative odorant-binding protein A5	53.33	5	5	8.397/13.751	1.260	0.00184
A0A0G2UEY4	Odorant receptor 94b	3.03	1	1	8.558/46.003	1.683	0.0198
A0A0G2UEV0	Odorant binding protein 69a	48.3	1	7	5.275/16.531	1.451	0.0385
S5R7H8	Odorant binding protein 2	36.23	4	5	5.389/14.930	0.744	0.00980
A0A034VRC9	Calcium/calmodulin-dependent 3',5'-cyclic nucleotide phosphodiesterase 1C	9.16	3	3	5.592/62.712	0.822	0.0189
Basal transcription factors							
A0A034VQF4	General transcription factor IIH subunit 4	2.65	1	1	8.778/55.785	1.200	0.0152
A0A034VQ28	Transcription initiation factor TFIID subunit 5	1.02	1	1	6.392/76.879	1.208	0.0186
A0A034V527	Cyclin-dependent kinase 7	7.06	1	1	8.353/38.518	0.752	0.0237

续表

蛋白质登录号	蛋白质信息描述	肽段覆盖率/%	唯一肽段数	肽段总数	分子质量/kDa	无趋性雄成虫/有趋性雄成虫	*P* 值
A0A034WL27	Transcription initiation factor TFIID subunit 9	4.14	1	1	9.159/28.839	0.783	0.0306
A0A034W993	Transcription initiation factor TFIID subunit 6	3.4	2	2	7.254/67.867	0.734	0.0446
Endocytosis							
A0A034WV96	Actin-related protein 2/3 complex subunit 3	11.86	2	2	8.631/20.485	0.718	0.000861
A0A034V1T6	WASH complex subunit FAM21-like protein	0.83	1	1	4.856/182.451	0.762	0.0105
Ribosome biogenesis in eukaryotes							
A0A034WFT2	Casein kinase Ⅱ subunit beta	10.36	1	1	5.440/25.671	0.613	0.00678
A0A034VPR3	Elongation factor Tu GTP-binding domain-containing protein 1	1.05	1	1	6.100/116.739	0.522	0.0134
A0A034VB78	WD repeat-containing protein 75	1.52	1	1	7.386/98.023	0.782	0.0195
A0A034V243	HEAT repeat-containing protein 1-like protein	0.8	1	1	6.991/169.835	0.666	0.0269
MAPK signaling pathway							
A0A034V9V5	Heat shock protein 70	14.19	4	9	5.656/68.597	1.244	0.0289
A0A034W8P6	Protein E（Sev）2B	13.74	3	3	5.491/24.446	0.771	0.000172
A0A034VM24	Ras GTPase-activating protein 1	4.25	2	2	7.196/104.043	0.762	0.00984
Phosphatidylinositol signaling system							
A0A034VKU6	Myotubularin-related protein 3	0.55	1	1	5.427/139.846	0.776	0.00987
A0A034VK69	Phosphatidylinositol 3,4,5-trisphosphate 3-phosphatase and dual-specificity protein phosphatase PTEN	1.12	1	1	7.708/98.570	0.774	0.0328

续表

蛋白质登录号	蛋白质信息描述	肽段覆盖率/%	唯一肽段数	肽段总数	分子质量/kDa	无趋性雄成虫/有趋性雄成虫	*P* 值
PI3K-Akt signaling pathway							
A0A034WIV7	Phosphoenolpyruvate carboxykinase （GTP）	2.53	1	1	6.443/39.978	0.527	0.0126
Insulin signaling pathway							
A0A034V7R7	Guanine nucleotide-releasing factor 2	0.81	1	1	6.815/150.361	0.532	0.0252
PPAR signaling pathway							
A0A034WB65	Putative medium-chain specific acyl-CoA dehydrogenase, mitochondrial	59.22	1	6	8.119/11.576	0.721	0.00616
A0A034WWV5	Putative glycerol kinase 3	2.35	1	1	5.872/66.201	0.737	0.0173
RNA transport							
A0A034WNU0	Nuclear cap-binding protein subunit 2	7.1	1	1	8.148/17.893	1.204	0.0433
A0A034VSB0	Translation initiation factor eIF-2B subunit epsilon	6.03	2	2	7.035/39.087	0.826	0.0155
A0A034W1I4	Exportin-5	5.35	2	2	6.742/95.272	0.817	0.0217
Spliceosome							
A0A034VJC6	ATP-dependent RNA helicase DDX42	3.82	2	2	6.786/86.863	0.802	0.000977
Peroxisome							
A0A034WF74	Putative fatty acyl-CoA reductase CG5065	6.27	1	1	8.690/60.453	0.634	0.000929
A0A034WGR2	PXMP2/4 family protein 4	3.08	1	1	8.807/26.688	0.673	0.00210
A0A034WEU0	Superoxide dismutase （Cu-Zn）	5.47	1	1	7.005/29.844	0.823	0.0191

2.3.3 触角差异蛋白 GO 功能注释与分析

为了进一步揭示有趋性和无趋性雄成虫触角蛋白功能类群的变化，通过基因本体（Gene Ontology，GO）数据库和 UniProt 数据库对差异蛋白进行功能注释与分类。GO 功能注释将差异蛋白分为参与的生物过程（Biological Processes，BP）、分子功能（Molecular Functions，MF）和细胞组分（Cellular Components，CC）3 大类功能类群，分别包含了 14、5 和 6 个小类（图 2.4）。在参与的生物过程类群中，新陈代谢进程（Metabolic process）所占比例最多，其次是细胞过程类别（Cellular process）和单有机体过程类别（Single-organism process）；在分子功能分类中，催化活性功能类别（Catalytic activity）所占比例最多，其次是结合分子功能类别（Binding）；在细胞组分分类中，细胞类别（Cell）所占比例最多，其次为细胞器类别（Organelle）及细胞膜类别（Membrane）。由差异表达蛋白 GO 富集分析可知，涉及氨基聚糖的代谢（Aminoglycan metabolic process）、表皮色素沉积（Cuticle pigmentation）、受体结合（Receptor binding）、小分子结合（Small molecule binding）、神经肽激素活性

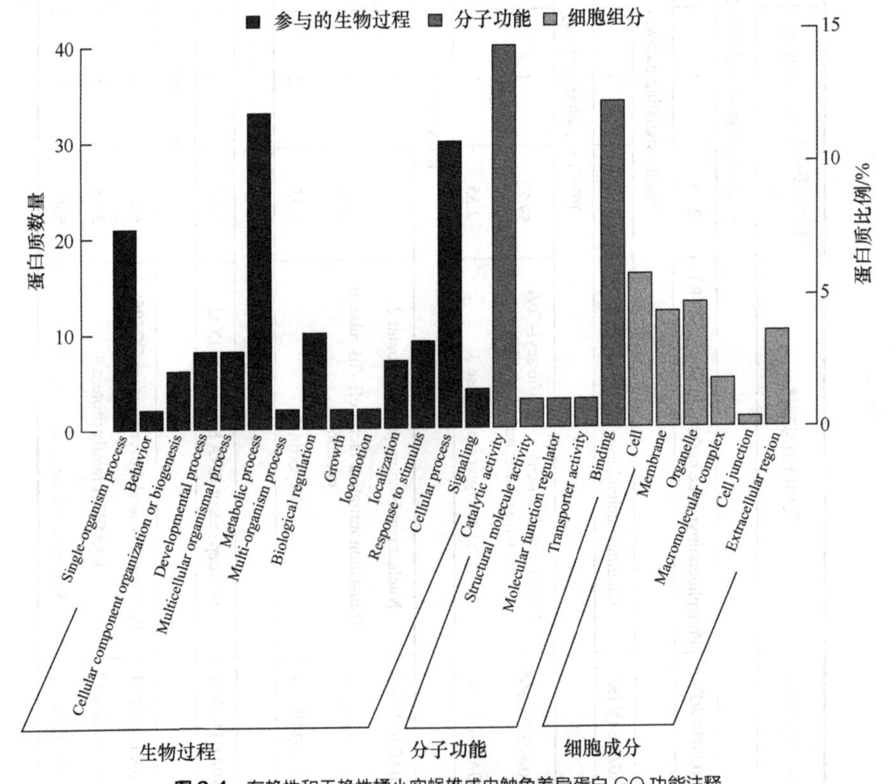

图 2.4 有趋性和无趋性橘小实蝇雄成虫触角差异蛋白 GO 功能注释

注：y 轴（左）代表蛋白质数量，y 轴（右）表示蛋白质百分比。GO 功能注释将差异蛋白分为参与的生物学过程、分子功能和细胞组分。

（Neuropeptide hormone activity）、蛋白质异源二聚体活性（Protein heterodimerization activity）、糖基水解酶活性（Hydrolase activity acting on glycosyl bonds）、生长因子受体结合活性（Growth factor receptor binding）和胞外区（Extracellular region）等过程显著性富集（$P<0.05$）（图 2.5）。

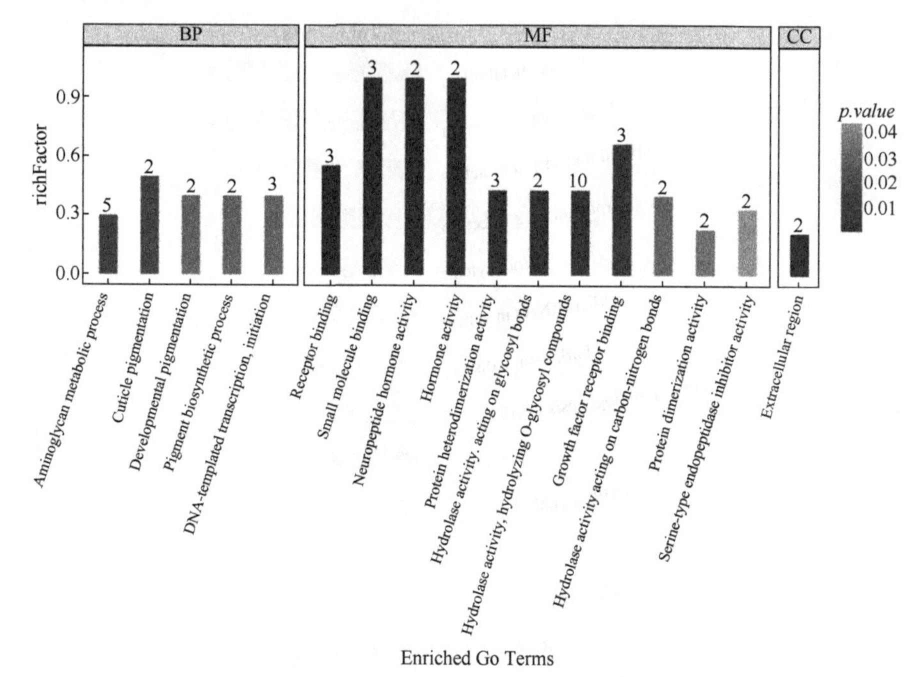

图 2.5　有趋性和无趋性橘小实蝇雄成虫触角差异蛋白 GO 富集

注：x 轴代表 GO 注释条目，y 轴代表 GO 富集系数，柱上数字代表蛋白质数量。柱的颜色代表对应的 P 值，$P<0.05$ 为显著性 GO 富集类群。

2.3.4　触角差异蛋白 KEGG 通路分析

在生物体的生命活动中，蛋白质并不独立行使其功能，而是不同蛋白质相互协调完成一系列生化反应以行使其生物学功能，因此，通路分析是更系统、全面了解特殊生物学过程的最直接和必要的途径。为了进一步揭示橘小实蝇雄成虫参与 ME 识别过程的生物学通路，本书作者通过利用 KAAS（KEGG Automatic Annotation Server）将差异表达蛋白在 Kyoto Encyclopedia of Genes and Genomes（KEGG）比对分析。KEGG 分析表明，差异表达蛋白涉及 174 个通路（pathways），其中最具有代表性的前 19 通路如图 2.6 所示，其中嘌呤代谢（Purine metabolism）、嗅觉转导（Olfactory transporter）和基础转录因子（Basal transcription factors）通路最为显著，分别包括 6、6 和 5 个蛋白质。与无趋性雄成虫相比，2 个与嗅觉转导相关的蛋白

[OBP2、3',5'-cyclic nucleotide phosphodiesterase 1C（3', 5'-环核苷酸磷酸二酯酶 1C）]在有趋性雄成虫触角中高表达，另外 4 个嗅觉蛋白（OBP44a、OBP69a、OBA5、OR94b）在有趋性雄成虫触角中低表达（表 2.4）。该 KEGG 分析结果为研究橘小实蝇雄成虫识别 ME 过程中涉及的特定的生物学通路提供了可靠的科学依据。

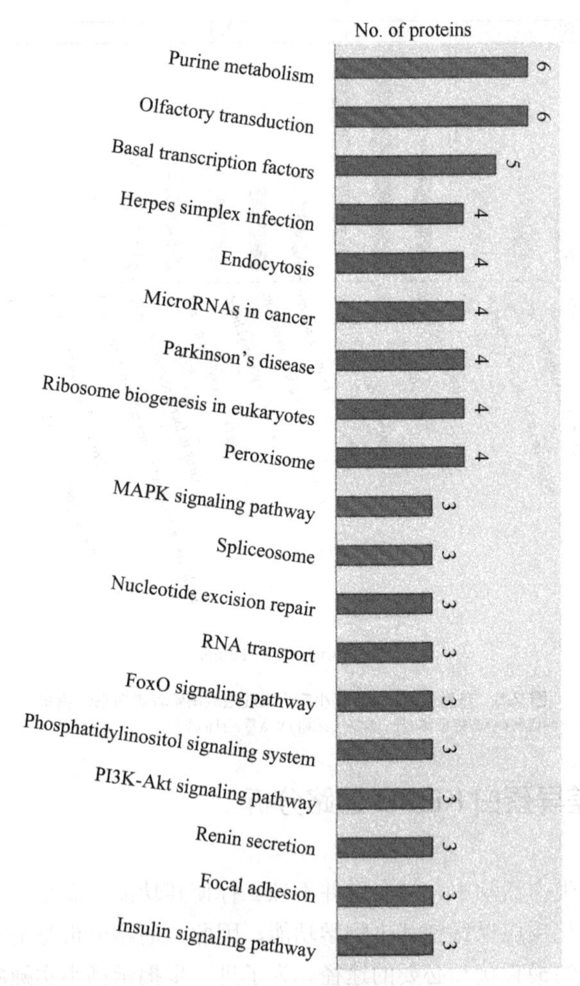

图 2.6 有趋性和无趋性橘小实蝇雄成虫触角差异蛋白 KEGG 分析

注：*x* 轴代表 KEGG 通路名称，*y* 轴代表蛋白质数量。

2.3.5 qRT-PCR 检测差异蛋白编码基因在有、无趋性雄成虫触角的表达量

为了验证 iTRAQ 定量蛋白质组的结果，利用 qRT-PCR 的方法检测编码差异表

达嗅觉相关蛋白基因在有趋性和无趋性雄成虫触角中的表达量(图2.7)。结果表明，*OBP2* 在有趋性雄成虫触角中的基因表达量显著高于在无趋性雄成虫的表达量（t=97.87; df=2; P=0.0001），与蛋白质组鉴定结果保持一致；另外4个差异表达嗅觉蛋白，*OBP44a*、*OBA5*、*OBP69a* 和 *OR94b* 在无趋性雄成虫触角的基因表达量分别比在有趋性雄成虫触角中的表达量上调了3.36、2.76、5.87和7.17倍。在蛋白水平上，*OB19A* 和 *PBP4-1* 在无趋性雄成虫触角中的表达量略高于有趋性雄成虫，但未达到差异性显著，但在基因表达水平差异性显著，但基因表达趋性与iTRAQ鉴定结果保持一致。*OB99A*、*OBP15*、*OBP83a-1*、*PBP2* 和 *IR84a* 在有趋性和无趋性雄成虫触角中的表达量无显著性差异（$P>0.05$）。此外，*OBP50c*、*OB56D-1* 和 *OB56D-2* 在有趋性雄成虫触角中蛋白表达量略高于无趋性雄成虫，但未达到显著性差异，但qRT-PCR结果表明，*OBP50c*、*OB56D-1* 和 *OB56D-2* 在有趋性雄成虫触角中的表达量显著高于无趋性雄成虫。综合iTRAQ和qRT-PCR结果，本书作者将进一步研究 *OBP2*、*OBP50c*、*OB56D-1* 和 *OB56D-2* 在橘小实蝇雄成虫识别ME过程中的分子功能。

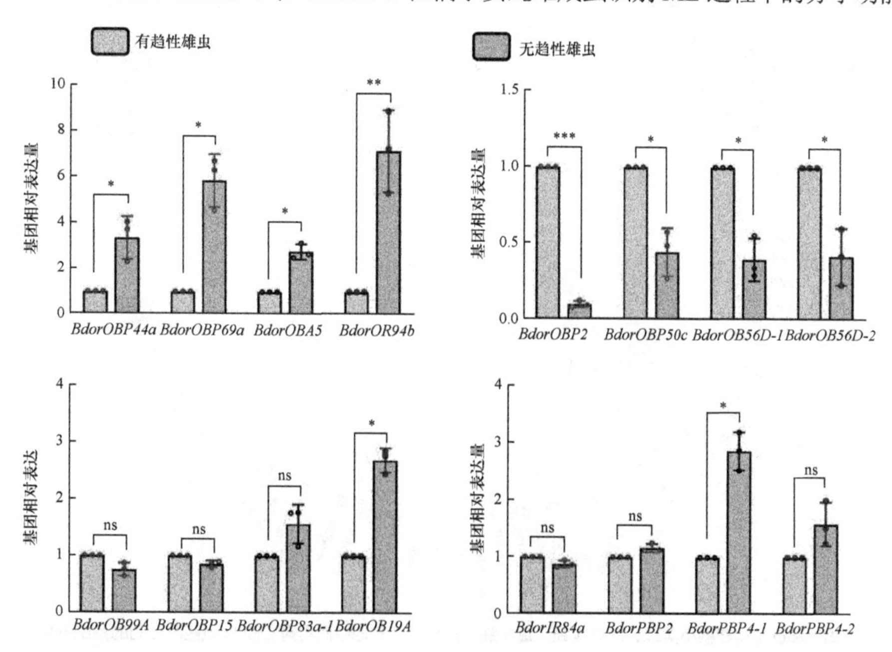

图2.7 qRT-PCR分析嗅觉相关蛋白在有趋性和无趋性橘小实蝇雄成虫触角的表达量

注：ns代表无显著性差异，*表示在0.05水平差异性显著（*t-test*），每次试验重复3次。

2.3.6 气味结合蛋白进化树分析

结果显示，*OBP2* 基因全长包含621个碱基，全长开放阅读框为417bp，编码

139 个氨基酸；*OBP50c* 基因开放阅读框全长为 753bp，编码 250 个氨基酸；*OB56D-1* 基因全长包含 628 个碱基，全长开放阅读框为 411bp，编码 136 个氨基酸；*OB56D-2* 基因全长包含 638 个碱基，全长开放阅读框为 417bp，编码 138 个氨基酸。为了明确橘小实蝇 *OBP2*、*OBP50c*、*OB56D-1*、*OB56D-2* 基因氨基酸序列与南瓜实蝇、瓜实蝇、辣椒实蝇和地中海实蝇等嗅觉感受蛋白 OBPs 之间的进化关系，利用邻近法对 92 个 OBPs 氨基酸序列进行同源性比较分析，构建系统发育树（图 2.8），结果发现，橘小实蝇 OBPs 分别与其他实蝇科昆虫气味结合蛋白集聚为一簇，表现出明显的同源性。橘小实蝇 *OBP2*、*OB56D-1* 和 *OB56D-2* 与同源基因 *OBP56* 聚类在同一分支，*OBP50c* 聚类在另一分支。

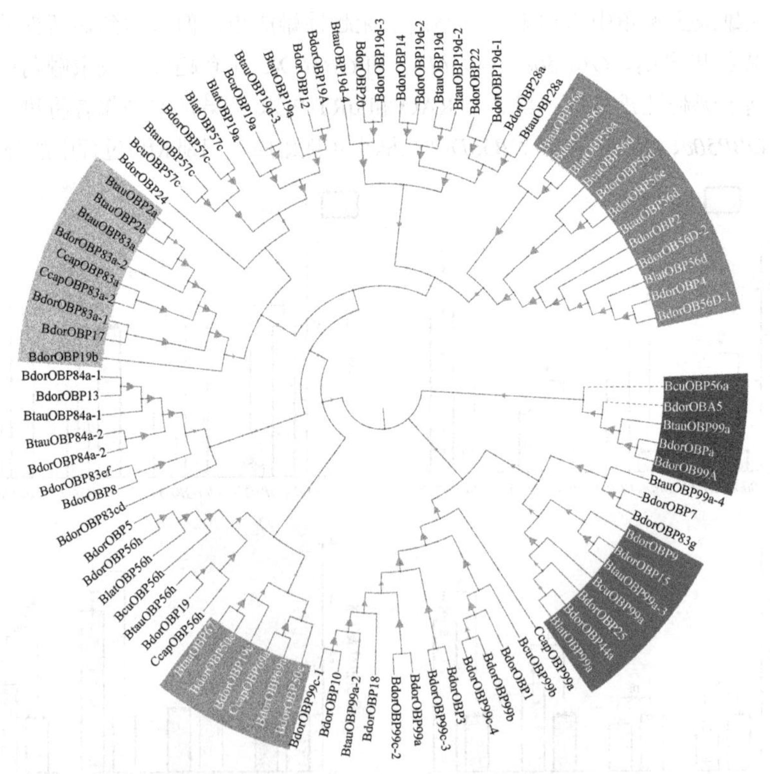

图 2.8 邻近法构建橘小实蝇、南瓜实蝇、瓜实蝇、辣椒实蝇和地中海实蝇 OBPs 氨基酸序列的系统进化树

昆虫主要依　性别与日龄对橘小实蝇成虫对甲基丁香酚趋性及 OBPs 量的影响

性别和日龄能显著影响橘小实蝇成虫对 ME 的趋性，如图 2.9 所示，随着雄成

虫日龄的增加，其对 ME 的趋性也逐渐增强，15 日龄性成熟雄成虫对 ME 的趋性最强（180.33±3.28 头），显著高于 3 日龄性未成熟雄成虫（16.67±1.76 头）和 15 日龄性成熟雌成虫（28.33±2.03 头）（F=951.89; df=2; P<0.0001）。

同样的，橘小实蝇性别和日龄对 *OBP2*、*OBP50c*、*OB56D-1* 和 *OB56D-2* 基因的表达量也有明显的影响。*OBP2* 基因在 15 日龄雄成虫和雌成虫触角中的表达量分别是 3 日龄雄成虫触角中表达量的 8.33 倍和 2.27 倍（F=117.31; df=2; P=0.0003）（图 2.10A），表明 *OBP2* 在橘小实蝇不同阶段触角中的表达量与橘小实蝇对 ME 的趋性大小呈正相关关系。此外，*OBP50c*、*OB56D-1* 和 *OB56D-2* 均在性成熟雄成虫触角中高表达（2.10B、C、D）。

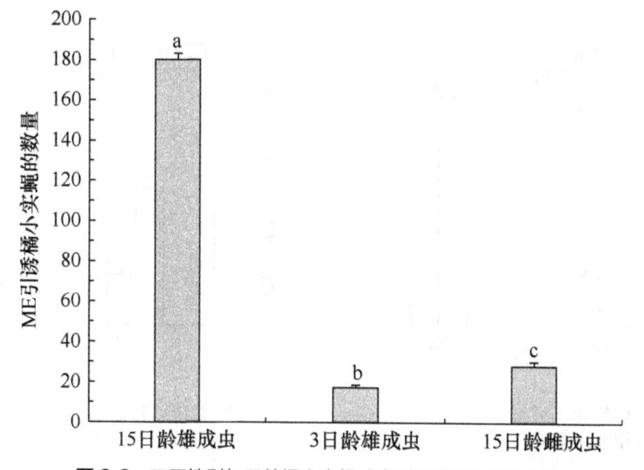

图 2.9　不同性别与日龄橘小实蝇成虫对甲基丁香酚的趋性

注：柱上字母不同者表示在 0.05 水平差异性显著（邓肯氏新复极差法，P<0.05）。每次试验重复 3 次。

2.3.8　甲基丁香酚显著诱导雄成虫触角 *OBP2* 表达量上调

ME 处理能显著诱导橘小实蝇雄成虫触角内 *OBP2* 基因表达量上调（图 2.11A），与 MO 处理的对照组相比，ME 处理 1h 后，OBP2 表达量上调了 2.72 倍（t=7.80; df=2;

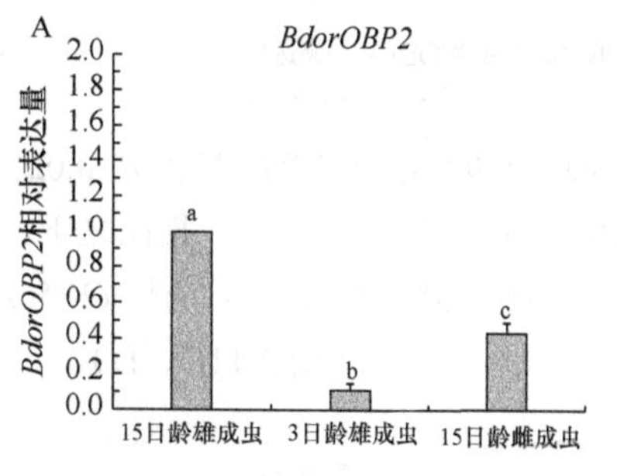

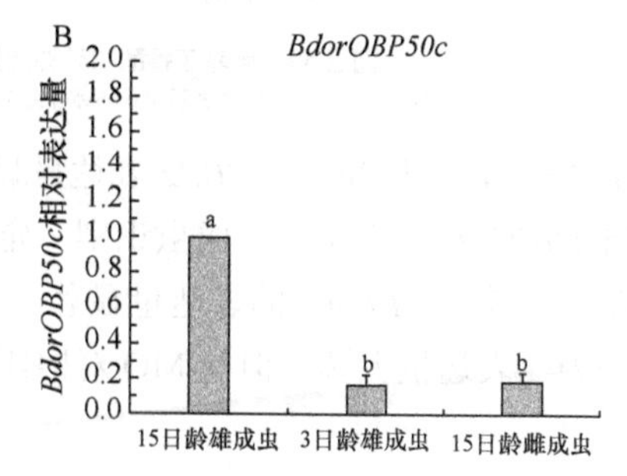

图 2.10

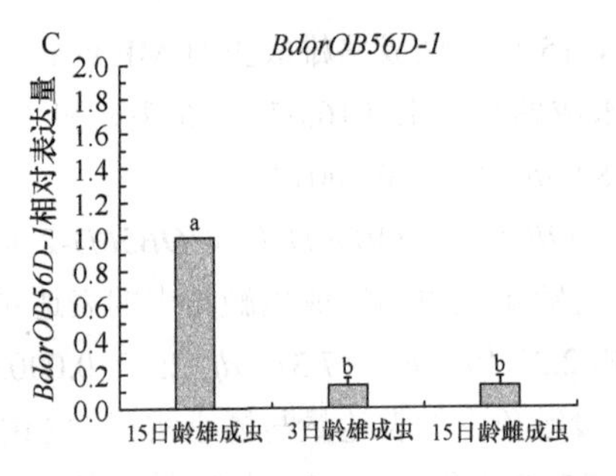

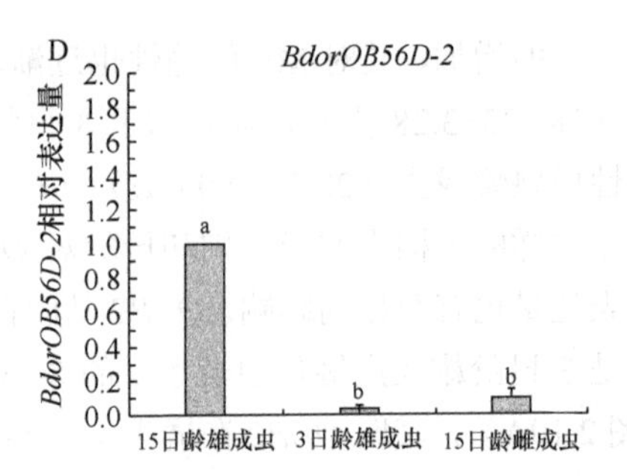

图 2.10 不同性别和日龄橘小实蝇成虫触角中 *OBP2*、*OBP50c*、*OB56D-1* 和 *OB56D-2* 的表达量

注：A、B、C、D 分别代表 *OBP2*、*OBP50c*、*OB56D-1* 和 *OB56D-2* 在橘小实蝇不同阶段触角中的表达量。柱上字母不同者表示在 0.05 水平差异性显著（邓肯氏新复极差法，$P<0.05$）。每次试验重复 3 次。

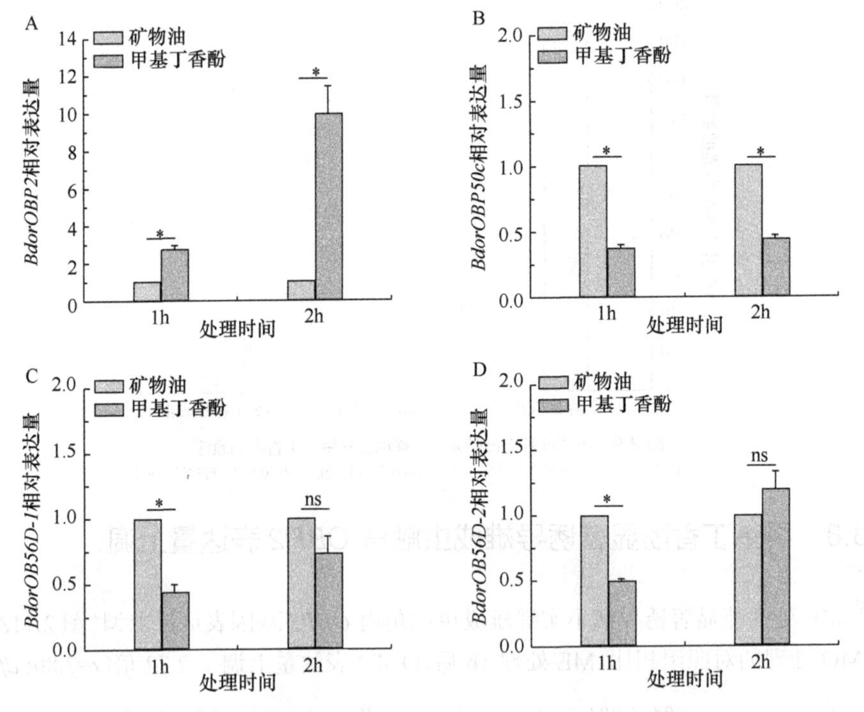

图 2.11 甲基丁香酚和矿物油处理橘小实蝇雄成虫 OBPs 的表达量

注：柱上字母不同者表示在 0.05 水平差异性显著（*t-test*，$P<0.05$），每次试验重复 3 次。

P=0.0161），处理 2h 后，*OBP2* 表达量显著上调了 9.92 倍（t=5.93; df=2; P=0.0273），表明 *OBP2* 在橘小实蝇雄成虫识别、定位 ME 过程中起重要作用。相比之下，ME 处理并未诱导 *OBP50c* 的表达量显著上调(图 2.11B)，ME 处理 2h 后诱导 *OB56D-1*、*OB56D-2* 表达量上调，但与 MO 对照组相比差异性不显著（图 2.11C、D）。

2.3.9 *OBP2*、*OBP50c*、*OB56D-1*、*OB56D-2* 生物学功能的研究

2.3.9.1 dsRNA 合成产物鉴定

以 15d 雄成虫触角 cDNA 为模板，通过利用 5′端带 T7 启动子序列的特异性引物对靶标基因 *OBP2*、*OBP50c*、*OB56D-1*、*OB56D-2* 进行 PCR 扩增，分别获得 268bp、494bp、270bp、270bp 四条单一明亮的条带。将 PCR 扩增产物进行切胶回收、纯化后，克隆到 PMD-18-T 载体上，选取阳性克隆进行测序。通过比对，将测序正确的菌液进一步扩繁并提取重组质粒作为下一步 PCR 扩增的模板，再次用 5′端带 T7 启动子序列的特异性引物进行扩增，分别获得 *OBP2*、*OBP50c*、*OB56D-1*、*OB56D-2* 基因 5′端带 T7 启动子序列的 dsRNA 合成模板（图 2.12A）。然后根据 dsRNA 合成试剂盒经转录和纯化等步骤获得 *OBP2*、*OBP50c*、*OB56D-1*、*OB56D-2* 基因的 dsRNA（图 2.12B）。合成的 dsRNA 浓度均大于 2000ng/μL，且电泳条带明亮单一、大小正确，说明合成的 dsRNA 质量较高，可以进行下一步试验。

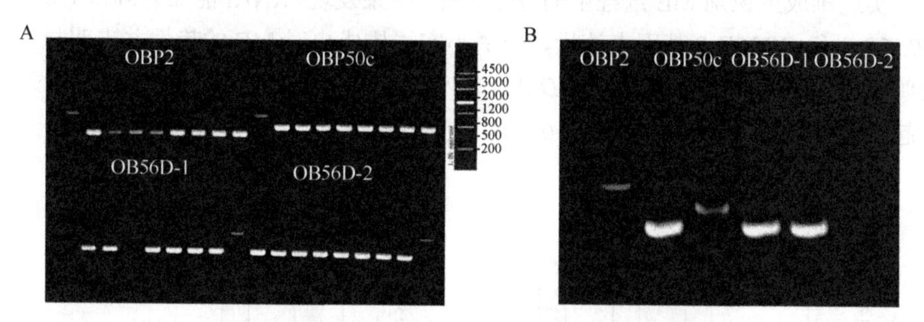

图 2.12 *OBP2*、*OBP50c*、*OB56D-1* 和 *OB56D-2* 基因 dsRNA 合成模板和 dsRNA 电泳图

注：A 代表 *OBP2*、*OBP50c*、*OB56D-1* 和 *OB56D-2* 基因 dsRNA 合成模板电泳图；B 代表体外合成 *OBP2*、*OBP50c*、*OB56D-1* 和 *OB56D-2* 基因的 dsRNA 电泳图。

2.3.9.2 *OBP2* 调控橘小实蝇性成熟雄成虫对甲基丁香酚的趋性行为

为了明确 *OBP2*、*OBP50c*、*OB56D-1* 和 *OB56D-2* 在橘小实蝇性成熟雄成虫识别 ME 过程中的分子功能，利用 RNA 干扰技术（RNAi）沉默靶标嗅觉基因，并检测了橘小实蝇性成熟雄成虫对 ME 趋性的变化。试验结果如下：显微注射 *dsOBP2*、*dsGFP* 和 Buffer 对橘小实蝇雄成虫死亡率有明显的影响，处理 24h 后，*dsOBP2*、*dsGFP* 和 Buffer 处理组雄成虫死亡率分别为 13.6%±0.8%、12.8%±1.0% 和 15.2%±1.0%；处理 48h 后死亡率增加至 17.6%±0.8%、16.4%±1.5% 和 18.0%±0.9%，显著高于空白对照组 24h 的死亡率 3.6%±0.8%（F=38.34; df=3; P＜0.0001）和 48h 的死亡率 4.4%±0.8%（F=33.91; df=3; P＜0.0001）（图 2.13A、D）。值得注意的是，*dsOBP2*、 *dsGFP* 和 Buffer 处理组之间雄成虫的死亡率并无显著差异，表明显微注射造成的物理伤害是导致橘小实蝇雄成虫存活率下降的主要原因。

qRT-PCR 结果表明，注射橘小实蝇雄成虫 *dsOBP2* 24h 和 48h 后，触角 *OBP2* 基因表达量显著下降。与注射 *dsGFP*、Buffer 和空白对照组相比，注射 *dsOBP2* 处理 24h 后，*OBP2* 的表达量下降了约 90%（F=37.85; df=3; P＜0.0001）（图 2.13B）。相应地，沉默基因 *OBP2* 显著降低了橘小实蝇性成熟雄成虫对 ME 的趋性，*dsOBP2* 处理 24h 后仅有 12.0%±2.0%的雄成虫被 ME 诱捕，显著低于 dsGFP 对照组（88.1%±1.4%）、Buffer 对照组（89.2%±1.2%）和空白对照组（91.7%±1.9%）（F=548.80; df=3; P＜0.0001）（图 2.13C）。*dsOBP2* 处理 48h 后，橘小实蝇雄成虫对 ME 的趋性增加至 56.8%±4.1%，但仍低于 *dsGFP*、Buffer 和空白对照组，且差异性显著（F=23.49; df=3; P＜0.0001）（图 2.13F）。以上结果表明，*OBP2* 在橘小实蝇性成熟雄成虫识别、定位 ME 过程中起着不可或缺的作用。

此外，本书作者应用同样的技术方法研究了 *OBP50c*、*OB56D-1* 和 *OB56D-2* 在橘小实蝇雄成虫识别 ME 过程中的分子功能。结果发现，RNAi 能显著降低 *OBP50c*、*OB56D-1* 和 *OB56D-2* 基因表达量，但橘小实蝇雄成虫对 ME 的趋性并未明显下降，表明 *OBP50c*、*OB56D-1* 和 *OB56D-2* 在橘小实蝇接收、感受 ME 气味分子的过程中不起关键性作用（图 2.14～图 2.16）。

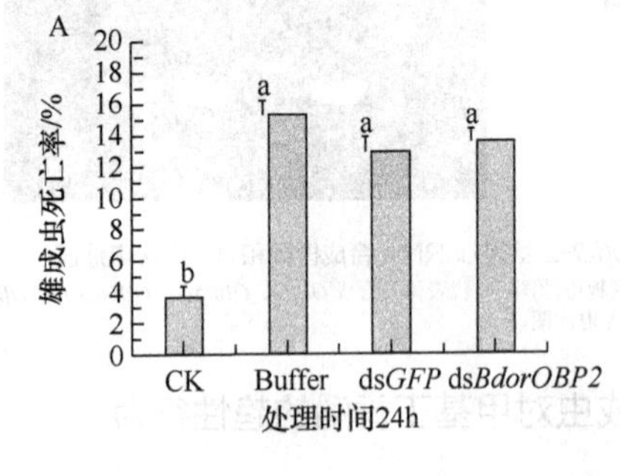

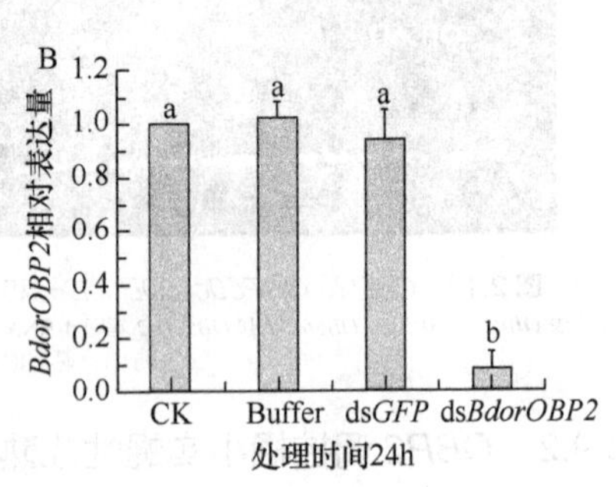

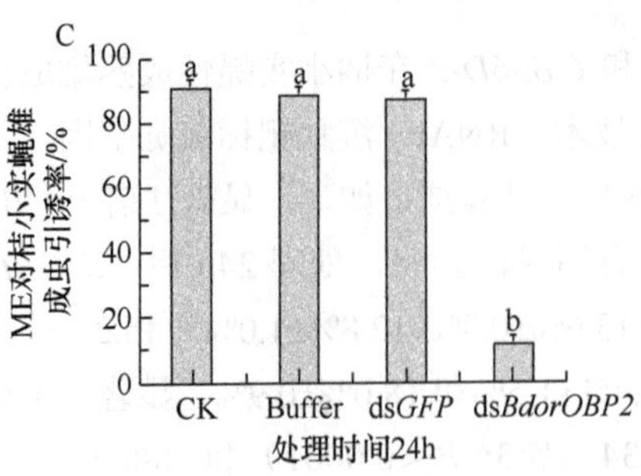

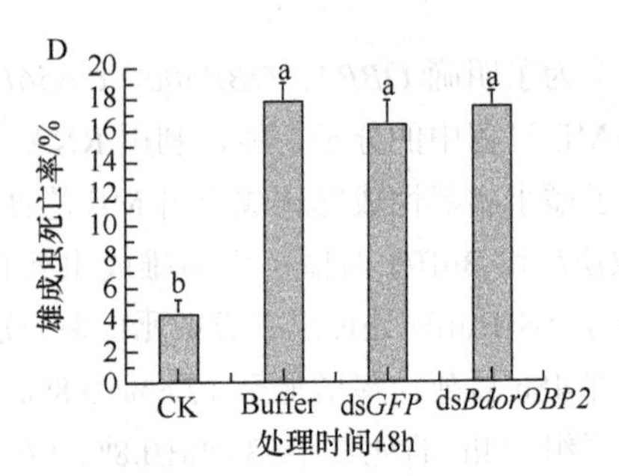

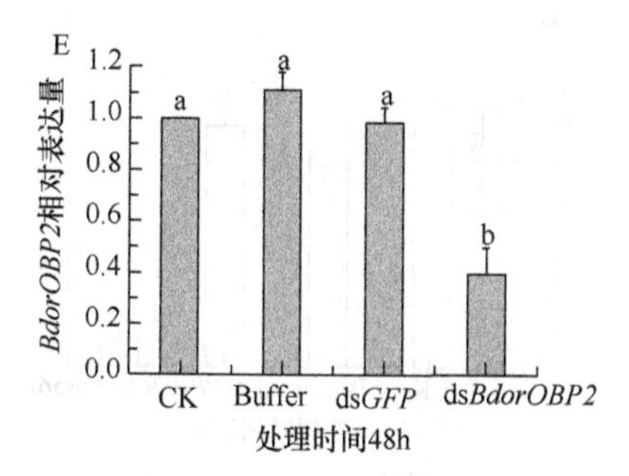

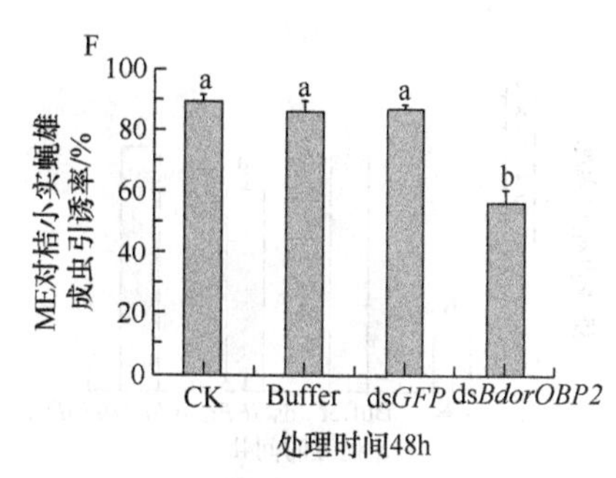

图 2.13 RNAi 处理后橘小实蝇成虫死亡率、*OBP2*表达量及对甲基丁香酚的趋性

注：（A，D）表示 *dsOBP2* 处理 24h 和 48h 后橘小实蝇成虫的死亡率，注射等量的 *dsGFP* 和 Buffer 的橘小实蝇为常规对照组，正常饲养的橘小实蝇为空白对照组。（B、E）表示 *dsOBP2* 处理 24h 和 48h 后 *OBP2* 的沉默效率。（C、F）表示 *dsOBP2* 处理 24h 和 48h 后，甲基丁香酚对橘小实蝇的引诱率。柱上字母不同者表示在 0.05 水平差异性显著（邓肯氏新复极差法，$P<0.05$）。每次试验重复 5 次。

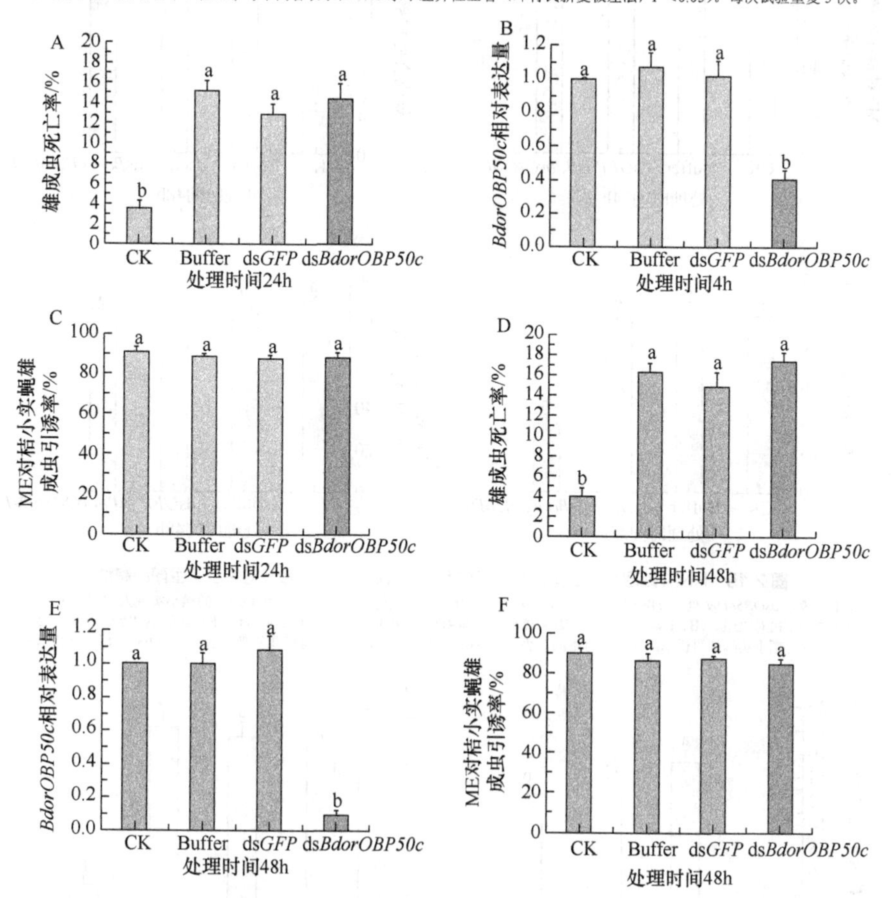

图 2.14 RNAi 处理后橘小实蝇成虫死亡率、*OBP50c* 表达量及对甲基丁香酚的趋性

注：（A，D）表示 *dsOBP50c* 处理 24h 和 48h 后橘小实蝇成虫的死亡率，注射等量的 *dsGFP* 和 Buffer 的橘小实蝇为常规对照组，正常饲养的橘小实蝇为空白对照组。（B、E）表示 *dsOBP50c* 处理 24h 和 48h 后 *OBP50c* 的沉默效率。（C、F）表示 *dsOBP50c* 处理 24h 和 48h 后，甲基丁香酚对橘小实蝇的引诱率。柱上字母不同者表示在 0.05 水平差异性显著（邓肯氏新复极差法，$P<0.05$）。每次试验重复 5 次。

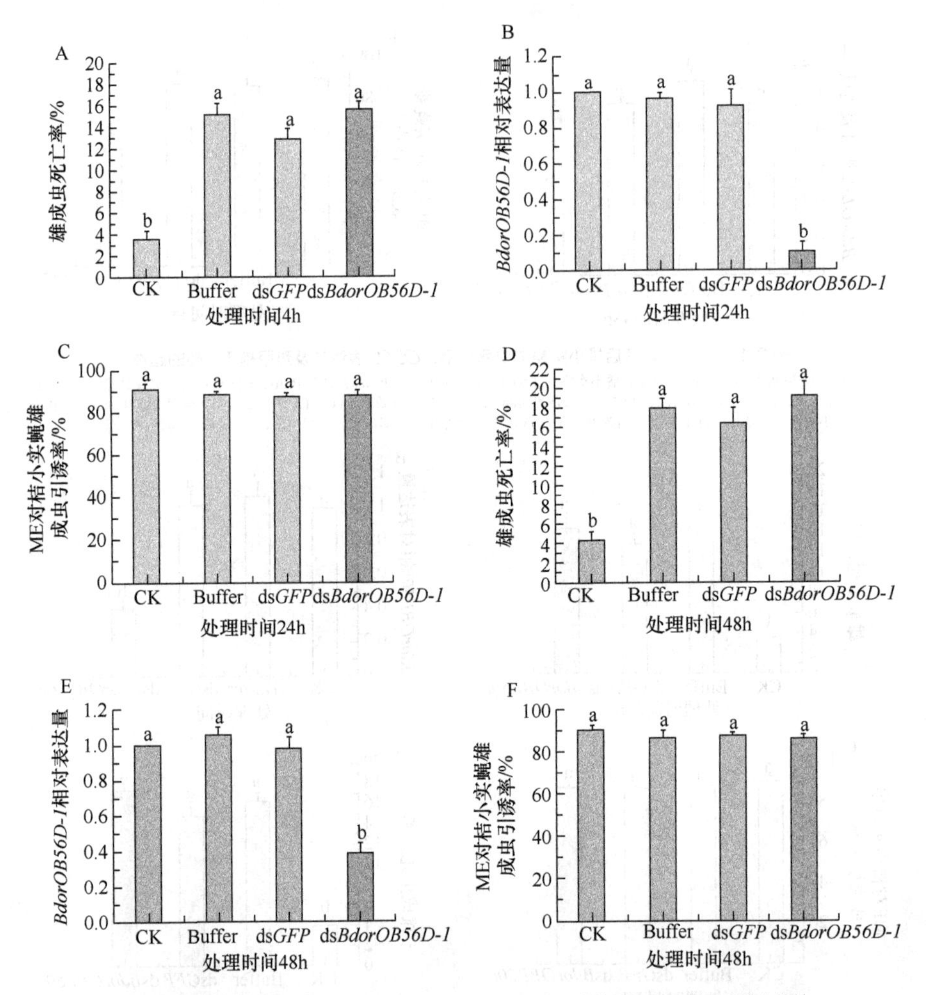

图 2.15 RNAi 处理后橘小实蝇成虫死亡率、*OB56D-1* 表达量及对甲基丁香酚的趋性

注：（A，D）表示 *dsOB56D-1* 处理 24h 和 48h 后橘小实蝇成虫的死亡率，注射等量的 *dsGFP* 和 Buffer 的橘小实蝇为常规对照组，正常饲养的橘小实蝇为空白对照组。（B、E）表示 *dsOB56D-1* 处理 24h 和 48h 后 *OB56D-1* 的沉默效率。（C、F）表示 *dsOB56D-1* 处理 24h 和 48h 后，甲基丁香酚对橘小实蝇的引诱率。柱上字母不同者表示在 0.05 水平差异性显著（邓肯氏新复极差法，$P<0.05$）。每次试验重复 5 次。

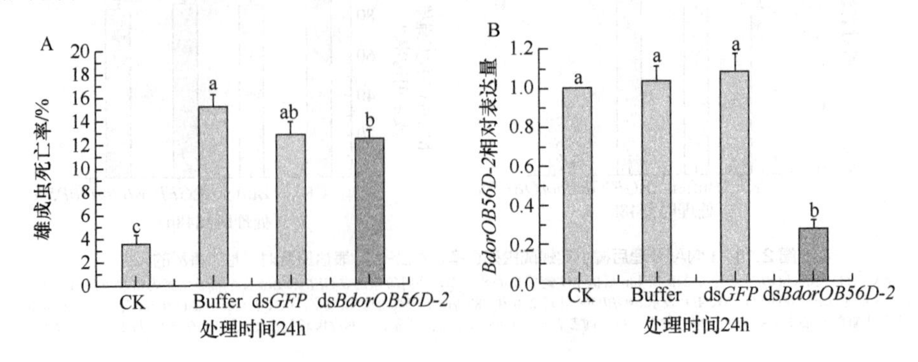

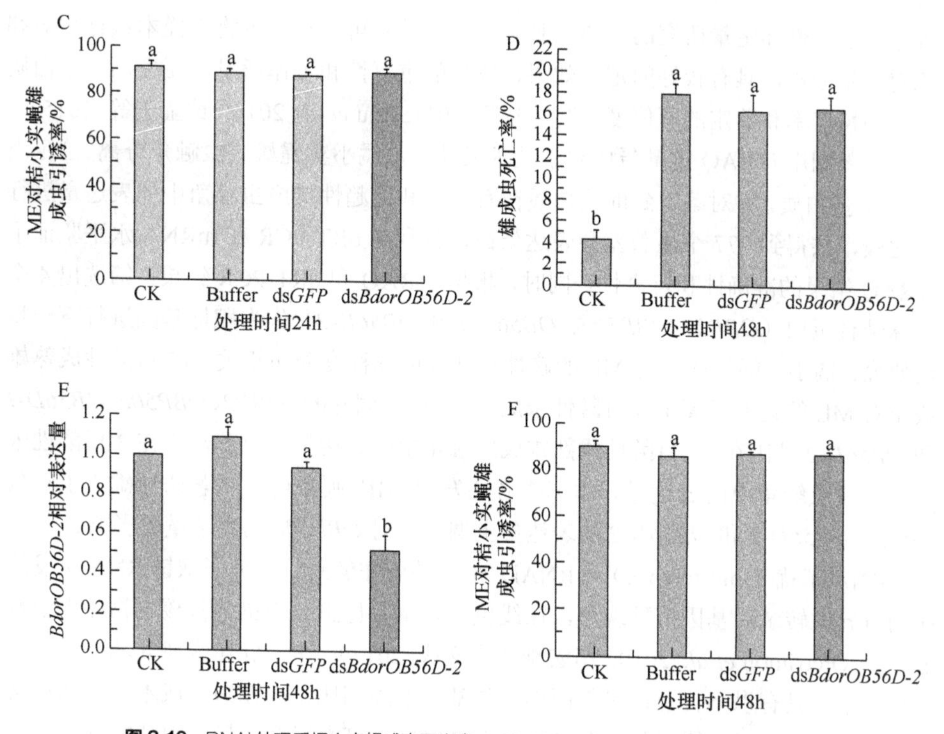

图 2.16 RNAi 处理后橘小实蝇成虫死亡率、*OB56D-2* 表达量及对甲基丁香酚的趋性

注：（A，D）表示 *dsOB56D-2* 处理 24h 和 48h 后橘小实蝇成虫的死亡率，注射等量的 *dsGFP* 和 Buffer 的橘小实蝇为常规对照组，正常饲养的橘小实蝇为空白对照组。（B、E）表示 *dsOB56D-2* 处理 24h 和 48h 后 *OB56D-2* 的沉默效率。（C、F）表示 *dsOB56D-2* 处理 24h 和 48h 后，甲基丁香酚对橘小实蝇的引诱率。柱上字母不同者表示在 0.05 水平差异性显著（邓肯氏新复极差法，$P<0.05$）。每次试验重复 5 次。

2.4 气味结合蛋白 OBP2 调控橘小实蝇雄成虫趋向 ME

经过室内人为汰选，可以显著增加对 ME 无趋性雄成虫的比例，且无趋性雄成虫的比例维持在一个稳定的水平（28.0%～29.3%），但无法得到对 ME 完全没有趋性的橘小实蝇稳定遗传品系。通过室内连续的筛选，本书作者以第 6 代性成熟雄成虫为研究对象，收集对 ME 有趋性和无趋性雄成虫的触角样品，进行下一步蛋白质组学分析。

蛋白质是生理功能的执行者和生命活动的直接体现者，蛋白质组学研究的是一个组织或者细胞的蛋白表达情况，是一种准确鉴定高通量蛋白的方法。近年来随着蛋白质组学的迅速发展，相应的方法和技术研究也取得了巨大的进步，一系列新的蛋白质组学研究技术也日渐成熟。目前，相对和绝对定量同位素标记（iTRAQ）技术与高度敏感性和准确性的串联质谱及多维液相色谱联用（LC-MS/MS）技术已成为蛋白质定性和定量研究的主要工具之一，该技术可对复杂生物学样本进行相对和绝对定量分析，具有较好的定量效果、较高的重复性和工作通量，还提高了蛋白质组学的覆盖率和鉴定的可信度（谢秀枝等, 2011; Zhu *et al*., 2010; 黄莹莹等, 2015）。本书作者利用 iTRAQ 定量蛋白组学技术成功地从橘小实蝇雄成虫触角分离、鉴定出 4622 个蛋白质，并对鉴定到的蛋白质在有趋性和无趋性雄成虫触角中的表达量进行了比较，共得到 277 个显著差异表达蛋白，且利用 qRT-PCR 在 mRNA 水平验证了 iTRAQ 结果的准确性和可靠性。同时，根据 iTRAQ 和 qRT-PCR 结果，筛选出 4 个气味结合蛋白（*OBP2*、*OBP50c*、*OB56D-1* 和 *OB56D-2*）作为靶标基因进行下一步的研究。橘小实蝇雄成虫对 ME 的趋性与其性成熟程度密切相关，15 日龄性成熟雄成虫对 ME 的趋性远高于 3 日龄性未成熟雄成虫，同样的，*OBP2*、*OBP50c*、*OB56D-1* 和 *OB56D-2* 基因在 15 日龄性成熟雄成虫触角中的表达量也显著高于在 3 日龄性未成熟雄成虫触角中的表达量。本书作者还发现 ME 刺激可以显著诱导雄成虫触角 *OBP2*、*OB56D-1* 和 *OB56D-2* 的表达量上调，但对 *OBP50c* 的表达量无影响。

RNA 干扰（interference）（RNAi）是一种由非编码的小分子双链 RNA 引发的序列特异性转录后基因沉默现象，在线虫、真菌、昆虫、小鼠等真核生物体内中普遍存在（Perrimon *et al*., 2010; 田宏刚和张文庆, 2012）。RNAi 作为研究功能基因的新兴技术，具有以下优点：操作简单；与基因敲除相比，周期短，成本低；和反义技术等相比，RNAi 的沉默效率更高，效果更好；可进行高通量基因功能分析；具有高度的特异性，它可以用于研究单基因功能或基因家族或具有高度相似性的一组基因中的单个基因的功能，还可以同时沉默基因家族中几个相关基因，从而解决由于多个基因的功能冗余而造成的难以检测到单个基因突变表型的问题（Chuang and Meyerowitz, 2000; Chi *et al*., 2003）。RNAi 作为一种新型的、特异性较强的、对环境相对友好且能带来经济效益的技术，目前逐渐成为害虫数量控制和种群保护方面新的研究热点（赵洁和刘小宁, 2015）。利用注射法沉默甜菜夜蛾 *Spodoptera exigua* 几丁质合成通路中的相关基因 *SeCHSA*、*SeTPS*、*SeTre-1*、*SeTre-2* 和 *SeEcR* 的功能，发现上述基因在甜菜夜蛾几丁质合成和蜕皮发育中的作用，为深入理解几丁质合成中的关键基因及筛选具有害虫控制潜力的候选基因提供了理论基础（Chen *et al*., 2008，2010; Tang *et al*., 2010; Yao *et al*., 2010）。Pitino *et al*.（2011）通过对桃蚜饲喂表达肠道基因 *Rack1* 和唾腺基因 *MpC002* dsRNA 的转基因烟草和拟南芥，研究发现目标基因的表达被抑制达 60%以上，而且目标基因被抑制的桃蚜所产的后代数量更少。Wang *et al*.（2013）沉默了棉铃虫的 3-羟基-3-甲基戊二酰辅酶 A 还原酶（HMGR）基因，结果显示雌性成虫的卵黄原蛋白 mRNA 含量明显降低，产卵率与对照相比降低了 98%，有效地减少了产卵数；Zhao *et al*.（2013）沉默了斜纹夜蛾过氧化氢酶（siltCAT），结果显示 SL-1 细胞系的活性氧代谢被抑制并且细胞周期出现衰亡，4 龄幼虫体内因活性氧物质的增多而出现死亡。

目前，已经采用注射、饲喂、浸泡导入 dsRNA 或 siRNA（small interfering RNA）的方法在多种昆虫中发现诱导 RNAi 的产生（Rogers *et al*., 2002; Terenius *et al*., 2011）。在大多数昆虫研究中首选的导入昆虫方法是显微注射纳克级的人工合成 dsRNA（Chen *et al*., 2008, 2010; Tang *et al*., 2010; Yao *et al*., 2010; Wang *et al*., 2013）。但注射方法虽然具有操作简便、效率较高的特点，但是对于某些微小昆虫往往会导致较高的虫体死亡率，且技术要求颇高。为了获得短时间处理后高效率的基因沉默试验结果，本书作者通过体外合成靶标基因的 dsRNAs，采样显微注射的方法从雄成虫腹部注射 dsRNAs，由于注射 dsRNA 的量会显著影响雄成虫的死亡率，本书作者以 dsRNA 的浓度至少为 2000ng/μL、注射量为 0.4μL 为标准进行试验，结果发现，dsRNAs 处理 24h 和 48h 后，靶标基因表达量显著降低；行为学验证发现仅沉默 *OBP2* 显著降低了橘小实蝇性成熟雄成虫对 ME 的趋性能力，表明 *OBP2* 在橘小实蝇雄成虫识别 ME 的过程中起着关键性的作用。

参考文献

郭庆亮, 杨春花, 陈家骅, 等. 对甲基丁香酚无趋性的橘小实蝇遗传性别品系雄虫的筛选[J]. 热带作物学报, 2010, 31(5): 845-848.

黄莹莹, 白羽, 王艳, 等. 基于 iTraq 技术的加拿大一枝黄花提取物作用下铜绿微囊藻细胞差异表达蛋白[J]. 中国环境科学, 2015, 35(6): 1822-1830.

田宏刚, 刘同先, 张文庆. 昆虫 RNAi 技术与方法[J]. 应用昆虫学报, 2013, 50(5):1453-1457.

田宏刚, 张文庆. RNAi 技术在昆虫学中的研究进展及展望[J]. 应用昆虫学报, 2012, 49(2): 309-316.

谢秀枝, 王欣, 刘丽华, 等. iTRAQ 技术及其在蛋白质组学中的应用[J]. 中国生物化学与分子生物学报, 2011, 27(7): 616-621.

赵洁, 刘小宁. RNAi 在昆虫控制领域的研究进展[J]. 中国植保导刊, 2015, 35(1): 17-23.

Biessmann H, Andronopoulou E, Biessmann M R, *et al*. The Anopheles gambiae odorant binding protein 1(AgamOBP1) mediates indole recognition in the antennae of female mosquitoes[J]. Plos One, 2010, 5(3): e9471.

Briolant S, Almeras L, Belghazi M, *et al*. Plasmodium falciparum, proteome changes in response to doxycycline treatment[J]. Malaria Journal, 2010, 9(1): 141-154.

Chen J, Tang B, Chen H, *et al*. Different functions of the insect soluble and membrane-bound trehalase genes in chitin biosynthesis revealed by RNA interference[J]. Plos One, 2010, 5(4): e10133.

Chen X, Tian H, Zou L, *et al*. Disruption of *Spodoptera exigua* larval development by silencing chitin synthase gene A with RNA interference[J]. Bulletin of Entomological Research, 2008, 98(6): 613-619.

Chi J T, Chang H Y, Wang N N, *et al*. Genomewide view of gene silencing by small interfering RNAs[J]. Proceedings of the National Academy of Sciences of the United States of America, 2003, 100(11): 6343-6346.

Chuang C F, Meyerowitz E M. Specific and heritable genetic interference by double2 stranded RNA in *Arabidopsis thaliana*[J]. Proceedings of the National Academy of Sciences of the

United States of America, 2000, 97(9): 4985-4990.

Conesa A, Götz S, Garcíagómez J M, *et al.* Blast2GO: a universal tool for annotation, visualization and analysis in functional genomics research[J]. Bioinformatics, 2005, 21(18): 3674-3676.

Dong Y C, Wang Z J, Chen Z Z, *et al. Bactrocera dorsalis* male sterilization by targeted RNA interference of spermatogenesis: empowering sterile insect technique programs[J]. Scientific Reports, 2016, 6: 35750.

Gotzek D, Robertson H M, Wurm Y, *et al.* Odorant binding proteins of the red imported fire ant, Solenopsis invicta: an example of the problems facing the analysis of widely divergent proteins[J]. Plos One, 2011, 6(1): e16289.

Götz S, Garcíagómez J M, Terol J, *et al.* High-throughput functional annotation and data mining with the Blast2GO suite[J]. Nucleic Acids Research, 2008, 36(10): 3420-3435.

Han J Z, Peng G, Zhao S M, *et al.* iTRAQ-based proteomic analysis of LI-F type peptides produced by Paenibacillus polymyxa, JSa-9 mode of action against *Bacillus cereus*[J]. Journal of Proteomics, 2017, 150: 130-140.

Jayanthi K P, Kempraj V, Aurade R M, *et al.* Computational reverse chemical ecology: virtual screening and predicting behaviorally active semiochemicals for *Bactrocera dorsalis*[J]. BMC Genomics, 2014, 15(1): 209.

Jayanthi P D K, Woodcock C M, Caulfield J, *et al.* Isolation and identification of host cues from mango, *Mangifera indica*, that attract gravid female oriental fruit fly, *Bactrocera dorsalis*[J]. Journal of Chemical Ecology, 2012, 38(4): 361-369.

Karp N A, Huber W, Sadowski P G, *et al.* Addressing accuracy and precision issues in iTRAQ quantitation[J]. Molecular & Cellular Proteomics, 2010, 9(9): 1885-1897.

Khrimian A, Siderhurst M S, Mcquate G T, *et al.* Ring-fluorinated analog of methyl eugenol: attractiveness to and metabolism in the Oriental fruit fly, *Bactrocera dorsalis*, (Hendel)[J]. Journal of Chemical Ecology, 2009, 35(2):209-18.

Li X, Zhang M, Zhang H. RNA interference of four genes in adult *Bactrocera dorsalis* by feeding their dsRNAs[J]. Plos One, 2011, 6(3): e17788.

Liu G, Wu Q, Li J, *et al.* RNAi-Mediated Knock-Down of transformer and transformer 2 to Generate Male-Only Progeny in the Oriental Fruit Fly, *Bactrocera dorsalis* (Hendel)[J]. Plos One, 2015, 10(6): e0128892.

Liu Z, Smagghe G, Lei Z, *et al.* Identification of male- and female-specific olfaction genes in antennae of the Oriental Fruit Fly(*Bactrocera dorsalis*)[J]. Plos One, 2016, 11(2): e0147783.

Livak K J, Schmittgen T D. Analysis of relative gene expression data using real-time quantitive PCR and the $2^{-\Delta\Delta CT}$ method[J]. Methods, 2001, 25(4): 402-408.

Miller E C, Swanson A B, Phillips D H, *et al.* Structure-activity studies of the carcinogenicities in the mouse and rat of some naturally occurring and synthetic alkenylbenzene derivatives related to safrole and estragole[J]. Cancer Research, 1983, 43(3): 1124-1134.

Nakamura A M, Chahad-Ehlers S, Lima A L, *et al.* Reference genes for accessing differential expression among developmental stages and analysis of differential expression of OBP genes in Anastrepha oblique[J]. Scientific Reports, 2016, 6: 17480.

Pelletier J, Guidolin A, Syed Z, *et al.* Knockdown of a mosquito odorant-binding protein involved in the sensitive detection of oviposition attractants[J]. Journal of Chemical Ecology, 2010, 36(3): 245-248.

Pelosi P, Calvello M, Ban L. Diversity of odorant-binding proteins and chemosensory proteins in insets[J]. Chemical Senses, 2005, 30: 291-292.

Perrimon N, Ni J Q, Perkins A L. In vivo RNAi: today and tomorrow[J]. Cold Spring Harbor Perspectives in Biology, 2010, 2(8): a003640.

Pitino M, Coleman A D, Maffei M E, *et al.* Silencing of aphid genes by dsRNA feeding from plants[J]. PloS one, 2011, 6(10): e25709.

Rogers S L, Rogers G C, Sharp D J, *et al. Drosophila* EB1 is important for proper assembly, dynamics, and positioning of the mitotic spindle[J]. Journal of Cell Biology, 2002, 158(5): 873-884.

Sato K, Pellegrino M, Nakagawa T, *et al.* Insect olfactory receptors are heteromeric ligand-gated ion channels[J]. Nature, 2008, 452(7190): 1002–1006.

Shelly T E. Selection for non-responsiveness to methyl eugenol in male oriental fruit flies (Diptera: Tephritidae)[J]. Florida Entomologist, 1997, 248-253.

Shelly T E. Zingerone and the mating success and field attraction of male melon flies (Diptera: Tephritidae)[J]. Journal of Asia-Pacific Entomology, 2016, 20(1):175-178.

Siciliano P, He X L, Woodcock C, *et al.* Identification of pheromone components and their binding affinity to the odorant binding protein *CcapOBP83a-2* of the Mediterranean fruit fly, *Ceratitis capitata*[J]. Insect Biochemistry and Molecular Biology, 2014, 48: 51-62.

Silbering A F, Rytz R, Grosjean Y, *et al.* Complementary function and integrated wiring of the evolutionarily distinct *Drosophila* olfactory subsystems[J]. Journal of Neuroscience the Official Journal of the Society for Neuroscience, 2011, 31(38): 13357-13375.

Smith R L, Adams T B, Doull J, *et al.* Safety assessment of allylalkoxybenzene derivatives used as flavouring substances—methyl eugenol and estragole[J]. Food and Chemical Toxicology, 2002, 40(7): 851-870.

Su Y, Xiong Z, Chen Y, *et al.* Alteration of intracellular protein expressions as a key mechanism of the deterioration of bacterial denitrification caused by copper oxide nanoparticles[J]. Scientific Reports, 2015, 5: 15824.

Tang B, Jie C, Yao Q, *et al.* Characterization of a trehalose-6-phosphate synthase gene from Spodoptera exigua, and its function identification through RNA interference[J]. Journal of Insect Physiology, 2010, 56(7): 813-821.

Taylor A J, Cook D J, Scott D J. Role of odorant binding proteins: comparing hypothetical mechanisms with experimental data[J]. Chemosensory Perception, 2008, 1(2): 153-162.

Terenius O, Papanicolaou A, Garbutt J S, *et al.* RNA interference in Lepidoptera: an overview of successful and unsuccessful studies and implications for experimental design[J]. Journal of Insect Physiology, 2011, 57(2): 231-245.

Tsitsanou K E, Thireou T, Drakou C E, *et al.* Anopheles gambiae odorant binding protein crystal complex with the synthetic repellent DEET: implications for structure-based design of novel mosquito repellents[J]. Cellular and Molecular Life Sciences, 2012, 69(2): 283-297.

Tu X, Wang J, Hao K, *et al.* Transcriptomic and proteomic analysis of pre-diapause and non-diapause eggs of migratory locust, *Locusta migratoria* L. (Orthoptera: Acridoidea)[J]. Scientific Reports, 2015, 5, 1-14.

Vandermoten S, Francis F, Haubruge E, *et al.* Correction: Conserved Odorant-Binding Proteins from Aphids and Eavesdropping Predators[J]. Plos One, 2011, 6(8): e23608.

Vargas R I, Prokopy R. Attraction and feeding responses of melon flies and oriental fruit flies

(Diptera: Tephritidae) to various protein baits with and without toxicants[J]. Hawaiian Entomological Society, 2006, 38: 49-60.

Vogt R G, Callahan F E, Rogers M E, *et al.* Odorant binding protein diversity and distribution among the insect orders, as indicated by LAP, an OBP-related protein of the true bug *Lygus lineolaris* (Hemiptera, Heteroptera)[J]. Chemical Senses, 1999, 24(5): 481-495.

Wang W, Lv Y, Fang F, *et al.* Identification of proteins associated with pyrethroid resistance by iTRAQ-based quantitative proteomic analysis in *Culex pipiens pallens*[J]. Parasites and Vectors, 2015, 8(1):95.

Wang Z J, Dong Y C, Desneux N, *et al.* RNAi silencing of the HaHMG-CoA reductase gene inhibits oviposition in the *Helicoverpa armigera* cotton bollworm[J]. Plos One, 2013, 8(7): e67732.

Wu Z, Lin J, Zhang H, *et al. BdorOBP83a-2* mediates responses of the oriental fruit fly to semiochemicals[J]. Frontiers in physiology, 2016, 7: 452.

Xu D X, Sun L, Liu S L, *et al.* Understanding the heat shock response in the sea cucumber *Apostichopus japonicus*, using iTRAQ-based proteomics[J]. International Journal of Molecular Sciences, 2016, 17(2):150.

Yang N, Xie W, Yang X, *et al.* Transcriptomic and proteomic responses of sweetpotato whitefly, *Bemisia tabaci*, to thiamethoxam[J]. Plos One, 2013, 8(5): e61820.

Yao Q, Zhang D, Tang B, *et al.* Identification of 20-Hydroxyecdysone late-response genes in the chitin biosynthesis pathway[J]. Plos One, 2010, 5(11): e14058.

Zhao H M, Yi X, Hu Z, *et al.* RNAi-mediated knockdown of catalase causes cell cycle arrest in SL-1 cells and results in low survival rate of *Spodoptera litura* (Fabricius)[J]. Plos One, 2013, 8(3): e59527.

Zheng W W, Peng W, Zhu C P, *et al.* Identification and expression profile analysis of odorant binding proteins in the oriental fruit fly *Bactrocera dorsalis*[J]. International Journal of Molecular Sciences, 2013, 14(7): 14936-14949.

Zheng W W, Zhu C P, Peng T, *et al.* Odorant receptor co-receptor Orco is upregulated by methyl eugenol in male *Bactrocera dorsalis* (Diptera: Tephritidae)[J]. Journal of Insect Physiology, 2012, 58(8): 1122-1127.

Zhu M, Simons B, Zhu N, *et al.* Analysis of abscisic acid responsive proteins in *Brassica napus* guard cells by multiplexed isobaric tagging[J]. Journal of Proteomics, 2010, 73(4): 790-805.

第3章

气味受体在调控橘小实蝇雄成虫对甲基丁香酚趋性行为的分子功能研究

3.1 引言

昆虫主要依靠高度敏感、特异性的气味受体（Olfactory receptors，ORs）来检测和辨别外界环境不同的气味分子（Hallem and Carlson, 2006; Missbach *et al*., 2014; Zhang *et al*., 2016; Fleischer *et al*., 2017; Wang *et al*., 2017）。昆虫的气味受体具有高度的灵敏性和特异性，不同的气味受体具有不同的表达模式和功能，因此要深入了解昆虫对化学信号识别分子机制的关键是对其气味受体进行研究（Mitsuno *et al*., 2008; Leal, 2013）。利用 ORs 作为靶标分子，快速阐明活性化合物调控昆虫行为的分子机理、筛选新型趋避化合物或引诱化合物越来越受到研究者们的关注。例如，小菜蛾 *Plutella xylostella* 气味受体 *OR1* 参与识别其性信息素（11*Z*）-hexadecenal（Z11-16Ald）的过程（Sakurai *et al*., 2011）。驱蚊胺（N,N-diethyl-3-methylbenzamide，DEET）激活气味受体 *OR136*，引起致倦库蚊 *Culex quinquefasciatus* 的趋避反应（Xu *et al*., 2014）。苹果蠹蛾 *Cydia pomonella* 气味受体 *OR3* 参与识别寄主植物挥发物的过程 ethyl-（E, Z）-2,4-decadienoate，其 *OR6a* 对其信息素拮抗剂（E,E）-8,10-dodecadien-1-yl acetate 的识别起重要作用（Cattaneo *et al*., 2017）。此外，利用 RNAi 技术沉默平腹小蜂 *Anastatus japonicus* 的气味受体 *OR35* 后，显著降低了其对产卵引诱化合物 *β*-Caryophyllene 和（E）-*α*-Farnesene 的触角电位反应（Wang *et al*., 2017）。因此，利用“逆化学生态学”策略对快速筛选有效的信息化合物来调控昆虫的行为反应提供了新的研究思路和理论依据（Siderhurst and Jang, 2006; Wu *et al*., 2015）。

橘小实蝇是世界性严重危害果蔬业生产的重要害虫之一（Clarke *et al*., 2005; Stephens *et al*., 2007; Shen *et al*., 2012; Zheng *et al*., 2013; Liu *et al*., 2016a）。目前，利用 ME 诱捕橘小实蝇雄成虫是最主要的田间监测和防控方法（Vargas and Prokopy, 2006; Jayanthi *et al*., 2012; Shelly, 2016），但 ME 有对人类致癌性和仅能诱捕性成熟雄成虫等缺点（Smith *et al*., 2002; Khrimian *et al*., 2009; Zheng *et al*., 2012），因此开发专一、高效、安全的引诱物成为亟须解决的科研问题。虽然各国科研工作者致力于研发新型、经济的橘小实蝇引诱信息化合物，但其进度缓慢（Khrimian *et al*., 1994, 2006, 2009; Jang *et al*., 2011）。以特异的 ORs 为分子靶标，极大地促进了开发新型引诱剂用于害虫防治（Di *et al*., 2017; Mitchell *et al*., 2017）。然而迄今为止，参与橘小实蝇雄成虫识别 ME 的气味受体 OR 种类和功能尚未知。因此，阐明橘小实蝇雄成虫识别 ME 的分子机制，对基于昆虫化学通信的分子机理而开发可持续性防控橘小实蝇的策略具有非常重要的意义。

最近的研究表明，橘小实蝇气味结合蛋白（OBP83a-2）和非典型性气味受体Orco均参与到橘小实蝇识别ME的分子过程（Zheng *et al.*, 2012; Wu *et al.*, 2016），此外，本书第2章已阐明作者发现OBP2也对橘小实蝇识别ME起到重要的调控作用。但迄今为止，参与该过程气味受体ORs的种类及其分子功能尚未有研究报道。在本研究中，本书作者通过利用转录组（RNA-Seq）测序技术发现气味受体*OR63a-1*和OR88a在ME处理后的橘小实蝇雄成虫触角中表达量显著上调，进一步采用荧光定量PCR、爪蟾卵母细胞-双电极电压钳和RNA干扰技术研究了*OR63a-1*和*OR88a*的表达模式和分子功能。

3.2 试验方法

3.2.1 供试昆虫

橘小实蝇遗传性别品系（GSS），在华南农业大学昆虫生态实验室已人工饲养30代左右，雌成虫的蛹为白色，雄成虫的蛹为褐色。饲养条件：温度为27℃±1℃，相对湿度为75%±1%，光周期为L：D=14h：10h；幼虫使用人工饲料（白砂糖1000g+酵母粉1000g+玉米粉5000g+纤维1000g+苯甲酸钠20g+香蕉5000g+浓盐酸40mL+水8L）饲养，幼虫发育至3龄老熟幼虫后取出，放入装有湿度约30%细沙的桶中化蛹，3d后用40目的筛子将蛹筛出，放置35cm×35cm×35cm养虫笼中，于27℃±1℃下自由待化；成虫羽化后使用水和人工饲料（酵母粉：蔗糖=1：1）饲养。

3.2.2 供试试剂

琼脂糖凝胶回收试剂盒：美国Axygen公司
T4 DNA Ligase：ThermoFisher Scientific公司
2×Taq PCR MasterMix：天根生化科技有限公司
二甲基亚砜（DMSO）：美国Sigma-Ald rich公司
表达载体pCS2^{+}：中山大学张古忍教授课题组惠赠
矿物油Mineral oil（MO）：上海安耐吉化学有限公司
无水乙醇（分析纯）：天津市富宇精细化工有限公司
质粒DNA小量提取试剂盒：杭州莱枫生物科技有限公司
反转录试剂盒（RR047A）：宝生物工程（大连）有限公司

大肠杆菌感受态细胞 DH5α：杭州索莱尔博奥技术有限公司

总 RNA 提取试剂盒（9767）：宝生物工程（大连）有限公司

SYBR Premix ExTaq 荧光定量试剂盒：天根生化科技有限公司

PMD-18-T Vector Cloning 试剂盒：宝生物工程（大连）有限公司

RR02MA Takara LA Taq 高保真酶：宝生物工程（大连）有限公司

98%甲基丁香酚 Methyl eugenol（ME）：上海安耐吉化学有限公司

高保真酶 Phanta Max Super-Fidelity DNA polymerase：南京诺唯赞生物科技有限公司

MEGAscript® RNAi AM1626 Kit：赛默飞世尔科技（中国）有限公司

甲酸、乙氰、甲醇（色谱纯）、丙酮、HCl、KH_2PO_4、SDS、KCl 等：天津科密欧化学试剂有限公司

3.2.3 主要仪器

电泳仪：GE Healthcare EPS601

超声破碎仪：宁波新芝 JY92-II

PCR 扩增仪：德国 Eppendorf 公司

低温高速离心机：德国 Eppendorf 公司

真空离心浓缩仪：德国 Eppendorf 公司

可调量程移液枪：德国 Eppendorf 公司

MP Fastprep-24 匀浆仪：MP Biomedicals

高温高压灭菌锅：日本 HIRAYAMA 公司

超净工作台：苏州安泰空气技术有限公司

微量紫外/可见分光光度计 NanoDrop ND-2000

ELGA LA 超纯水仪：英国 ELGA Lab Water 公司

NanoDrop2000：赛默飞世尔科技（中国）有限公司

FemtoJet express 显微注射仪：德国 Eppendorf 公司

Sartotius-BP121S 型电子分析天平：德国赛多利斯公司

101 型高温电热鼓风干燥箱：上海一恒科学仪器有限公司

电压钳记录系统 OC-725C oocyte clamp（Warner Instruments）

3.2.4 溶液的配置

（1）ND96 记录溶液：96mmol/L NaCl、2mmol/L KCl、1.8mmol/L $CaCl_2$、1mmol/L

$MgCl_2$、5mmol/L HEPES，用 2mmol/L NaOH 将 pH 调至 7.5。一般会把 ND96 溶液 I 配成 10 倍浓度，用的时候再稀释。

（2）ND96 培养溶液：96mmol/L NaCl、2mmol/L KCl、1.8mmol/L $CaCl_2$、1mmol/L $MgCl_2$、5mmol/L HEPES，550mg/L 丙酮酸钠、100g/mL 庆大霉素，用 2mmol/L NaOH 将 pH 调至 7.5。

（3）OR2 消化溶液：82.5mmol/L NaCl、2mmol/L KCl、1mmol/L $MgCl_2$ 和 5mmol/L HEPES，用 2mmol/L NaOH 将 pH 调至 7.5。

（4）ME 工作液：首先用 DMSO 将 ME 配置成 1mol/L 的储存液，密封后保存在–20℃冰箱中备用，试验前使用 ND96 记录溶液将储存液稀释到试验所用的浓度。

（5）MO 工作液：首先用 DMSO 将 MO 配置成 1mol/L 的储存液，密封后保存在–20℃冰箱中备用，试验前使用 ND96 记录溶液将储存液稀释到试验所用的浓度。

3.2.5 橘小实蝇雄成虫处理与触角样品收集

首先，将 0.5mL ME 溶液（1∶1 与矿物油混合）均匀地涂抹于 500mL 锥形瓶内壁；随后，随机选择 200 头性成熟雄成虫（羽化 15d 左右）放入锥形瓶中。将 0.5mL 矿物油 MO 均匀地涂抹于 500mL 锥形瓶内壁，然后放入 200 头随机挑选的性成熟雄成虫作为对照组。处理 1h 后，收集处理组和对照组雄成虫触角，并立即放入液氮中速冻，然后储存在–80℃冰箱中以备提取总 RNA。以上试验 3 次生物学重复，将获得的触角样本进行下一步转录组分析。试验在 09：00a.m.到 11：00a.m.之间进行，室内温度和相对湿度分别保持在 27℃±1℃和 75%±1%。

3.2.6 触角总 RNA 提取、cDNA 文库构建及 Illumina 测序

使用 Takara RNA 提取试剂盒抽提 ME 处理组和 MO 对照组的橘小实蝇雄成虫触角总 RNA，每个样品共 200 头雄成虫触角，共 6 个样品；RNA 的纯度和浓度通过 NanoDrop 2000（Thermo Nano Drop™ 2000c; Santa Clara, USA）和 Agilent 2100 Bioanalyzer（Agilent Technologies, Inc., CA, USA）检测，且通过 1%的琼脂糖凝胶电泳检测 RNA 的完整性。选择质量合格的总 RNA 作为 mRNA 测序的建库起始样品，提取样品总 RNA 后，用带有 Oligo(dT)的磁珠富集上述 6 各样品的 poly(A)mRNA，加入裂解缓冲液（fragmentation Buffer）将 mRNA 切割成短片段，以 mRNA 为模板，用六碱基随机引物（random hexamers）和 SuperScript III Reverse Transcriptase（Invitrogen）合成第一条 cDNA 链，然后加入缓冲液、dNTPs、RNase H 和 DNA 聚

合酶 I（DNA polymerase I）合成第二条 cDNA 链，在经过 QiaQuick PCR 试剂盒纯化并加 EB 缓冲液洗脱之后做末端修复、加 poly（A）并连接测序接头，然后用琼脂糖凝胶电泳进行片段大小选择，最后进行 PCR 扩增，建好的测序文库委托广州基迪奥生物科技有限公司用 Illumina HiSeq 4000TM（Illumina, Inc., San Diego, CA, USA）测序平台对 6 个样品进行测序。

3.2.7 序列 *De Novo* 组装和 Unigenes 功能注释

测序过程中，通过荧光信号的不同确定碱基种类（base calling），并进行质量评估，然后通过程序分析，将所测碱基按顺序连成读段（read），即为原始序列（raw reasd），测序图像采用 Illumina pipeline CASAVA v1.8.2 标准程序进行数据转换（base calling）为 raw data，以 FASTQ 格式存储。然而，得到的原始文件有效碱基序列（clean reads），并不都是有效的，其中含有带接头的、重复的、测序质量很低的序列（reads）将会影响组装和后续分析，本书作者对下机的有效碱基序列（clean reads）再进行更严格的过滤，具体步骤为：需要去除含 adaptor 的序列（reads）、去除 N 的比例大于 10%的序列（reads）和去除低质量序列（reads）（质量值 Q≤20 的碱基数占整个 read 的 40%以上），从而得到高质量碱基序列（High quality clean reads），获得的两端测序碱基正确率需达到 95%以上。同时对 Q20、Q30 和 GC 含量进行评估。

然后，使用 Trinity（Trinity Software, version v2013-02-25, Inc., Plymouth, NH, USA）组装软件对获得的 High quality clean reads 做转录组从头组装（Pertea *et al*., 2003; Grabherr *et al*., 2011）。Trinity 首先将具有一定长度重叠（overlap）的片段序列（reads）连成更长的片段，这些通过重叠序列（reads overlap）关系得到的不含 N 的组装片段作为组装出来的 Unigene。具体步骤如下：

① 将测得的 reads 数根据设置的 k-mer 值连续切割，构建 k-mer 库，同时删除可能错误的 k-mer；选择出现频度最高的 k-mer 作为一个 contig 组装的种子，排除复杂度低的和只出现一次的 k-mer；通过寻找与种子 k-mer 有高度重叠区域（overlap）双向进行不断延伸，直到不能再找到 overlap 区域为止，这样一个 contig 就组装完成了，一旦形成一条 contig 序列，这条 contig 里所包含的所有 k-mer 片段将会从 k-mer 库中移除，直到 k-mer 库中的所有片段都组装成 contig 为止。

② 将彼此间重叠度最小的 contig 通过 TGICL Clustering Version 2.1 软件（The Institute for Genomic Research, Rockville, MD, USA）进行聚类，并构建 de Bruijin 路径图，每条路径反映了这些变异转录本重叠部分的复杂度。

③ 利用最初的reads和双末端分析法对Chrysalis过程中所产生的de Bruijin路径图进行调节重新组装成更可信的全长线性转录本。组装出来的序列长度是组装质量的一个评估标准，对于每个基因，最长的组合序列被认为是有功能的Unigene，并统计了Unigene的长度分布。

Unigene基本功能注释可以给出Unigene的蛋白功能注释、Pathway注释、COG/KOG功能注释、Gene Ontology（GO）功能注释等关键信息。首先通过BLASTx（http://www.geneontology.org）将Unigene序列比对到蛋白数据库Nr、SwissProt（http://www.ebi.ac.uk/uniprot/）、KEGG（http://www.genome.jp/kegg/）和COG/KOG（http://www.ncbi.nlm.nih.gov/COG/）。其中，Nr、SwissProt是两个著名的蛋白数据库，其中SwissProt是经过严格筛选去冗余的，COG/KOG是对基因产物进行直系同源分类的数据库，每个COG/KOG蛋白都被假定来自祖先蛋白，COG/KOG数据库是基于细菌、藻类、真核生物具有完整基因组的编码蛋白、系统进化关系进行构建的；KEGG是系统分析基因产物在细胞中的代谢途径以及这些基因产物的功能的数据库，用KEGG可以进一步研究基因在生物学上的复杂行为。以*E*-value＜10^{-5}为评价标准，得到跟给定Unigene具有最高序列相似性的蛋白，从而得到该Unigene的蛋白功能注释信息。然后，利用InterProScan对所有转录本蛋白保守区域进行预测，选择得分最高的区域；信号肽和跨膜蛋白预测通过singalP/tmHMM数据库获得。根据分子功能、生物过程和细胞组成成分，使用Blast2GO（http://www.blast2go.com/）程序默认参数对所有转录本进行GO分类，从宏观上认识该物种的基因功能分布特征（Ashburner *et al*., 2000; Conesa *et al*., 2005）；其次，根据KEGG注释信息能进一步得到Unigenes的Pathway注释。

3.2.8 差异表达基因的筛选与分析

使用RSEM v1.2.12软件对每个转录样本序列比对参考基因组进行重新排序（Li *et al*., 2011c; Zhang *et al*., 2016）。在进行不同样本之间差异基因分析之前，本书作者首先要计算每个基因在各个样品中的表达丰度，以此法计算出来的基因表达量，可直接实现对不同样品之间的基因表达差异的比较。利用FPKM（Fragments Per Kilobase of transcript per Million fragments）法计算基本表达量，可以消除测序量差异和基因长度所带来的影响（Trapnell *et al*., 2010）。通过FPKM计算方法等到的值，可以对ME处理组和MO对照组的橘小实蝇雄成虫触角差异基因进行筛选（Mortazavi *et al*., 2008; Anders and Huber, 2010）。然后，采用多重假设检验对差异检验的*P*-value进行校正，*P*-value的阈值可以通过限定FDR（False Discovery Rate）来实现（Benjamini and Hochberg, 1995），显著差异表达基因的筛选标准为FDR≤

0.05 且|log2Fold change|≥1。

在本研究中，差异表达基因在 ME 处理组中表达量比 MO 对照组中表达量高的基因标记为“基因表达量上调”，反之标记为“基因表达量下调”。基于基因表达量，本研究对样本和基因间的关系进行层级聚类，并使用热图来呈现聚类结果。对各个样本的基因表达量以 2 为底求对数值，对不同样品和基因进行层级聚类分析，图中每列代表一个样品，每行代表一个基因，基因在不同样品中的表达量用不同颜色表示，颜色越红表示表达量越高，颜色越蓝表示表达量越低。

3.2.9 差异表达基因 GO 功能注释、GO 富集与 KEGG 富集分析

得到差异表达基因之后，本书作者对差异表达基因做 GO 功能分析和 KEGG Pathway 分析。首先将差异表达基因向 GO 数据库的各条目（term）进行映射，并计算出每个 term 的基因数，从而得到具有 GO 功能的基因列表与基因数目统计，然后应用超几何检验，找出与整个基因组背景相比，在差异表达基因中显著富集的 GO 条目，进而将发生显著性变化的差异表达基因与特定的生物学功能联系起来。在生物体内，不同基因相互协调行使其生物学功能，基于通络（Pathway）的分析有助于更进一步了解基因的生物学功能，KEGG 通路显著性富集分析以 KEGG pathway 为单位，应用超几何检验，找出与整个基因组背景相比，在差异表达基因中显著富集的 pathway，可以得到两组样本间差异表达基因所参与的主要的信号转导途径和生化代谢途径。该假设检验的 *P*-value 计算公式（3.1）如下：

$$P = 1 - \sum_{i=0}^{m-1} \frac{\binom{M}{i}\binom{N-M}{n-i}}{\binom{N}{n}} \tag{3.1}$$

式中，N 代表 GO 注释的基因总数，n 代表差异基因数量，M 代表注释到 GO 条目里的基因总数，m 代表注释到 GO 条目里的差异基因数量。

计算出的 P 值首先用 Bonferroni 校正，修正后的 P=0.05 作为统计学意义的阈值，满足这个条件的 GO 条目被认为在差异表达的基因中显著丰富的 GO 条目。通过采用与 GO 富集分析相同的计算公式[式（3.1）]，比较分析差异表达基因中显著丰富的代谢途径和信号转导通路，其中 N 代表 KEGG 注释的基因总数，n 代表差异基因数量，M 代表注释到 KEGG 通路里的基因总数，m 代表注释到 KEGG 通路里的差异基因数量。

同时本书作者还对差异基因按表达量上、下调进行 GO term 分类统计。横坐标代表 GO 三个 ontology：分子功能（molecular function）、细胞组分（cellular component）、参与的生物过程（biological process）的更细一级分类；由于一个基因常常会有多个不同功能，因此同一个基因会在不同分类条目下出现，每个柱状图统计相互独立；纵坐标代表每个分类条目所对应的基因数目。

3.2.10 荧光定量 PCR（qRT-PCR）验证基因表达量

为了验证转录组分析的结果，本书作者筛选出了 16 个与昆虫嗅觉识别过程相关的基因，以橘小实蝇的 *α-tubulin* 基因（基因登录号：XM_011212814）作为内参基因，利用 DNAman 软件设计特异性引物序列，引物由上海生工生物有限公司合成，序列如表 3.1 所示，采用 qRT-PCR 技术分别验证这些基因的表达量。

为了确保 qRT-PCR 结果的准确性和可靠性，本书作者并没有使用用于转录组测序的 RNA 样品进行 qRT-PCR 试验，而是另外进行了 2 组独立的生物学试验，重新获得了 ME 处理组和 MO 对照组共 6 个橘小实蝇雄成虫触角样品。触角样品总 RNA 提取、合成 cDNA、qRT-PCR 试验均按照本书第 2 章 2.2.5.3 中的试验步骤进行。

表 3.1 qRT-PCR 验证基因表达量相关引物

蛋白名称	NCBI 登录号	5’引物序列	3’引物序列
Carboxylesterase	KT601149	CACTAAAGAAGCCAGCGATG	TTATAAGTGGTAAGGAGAAG
Cytochrome P450	KT601127	CCACTAATGACTGAGATCGG	AGACTGTTGGCTTTCACACC
BdorOR43a-1	KP743719	GCTCTTCACCTATTACTGGC	GCATCTGACCAACGCGGATC
BdorOR43b	KP743721	AGCAGGTGGTGACGGTAAC	TGTCCTCCTGTGCACGATG
BdorOR7a-2	KP743713	CCGCACGGAGTTTGTAATTG	TCTACCTGCGTTAGTGTTGG
BdorOR7a-3	KP743714	CAATTCACTGTCTATGCGGC	GAAGCTTGATAACAGGTCGG
BdorOR7a-5	KP743716	GACAATGGACTCGTTACCTG	GTGAGAGAAAGGATCTTGCC
BdorOR67c	KP743728	TCAACCGTTAACTTATGCCG	CCAGCGTCCTCATATCAGC
BdorOR59a	KP743725	TTAACGCGTCCACCTCCAG	CTGCAGACCACACAGATAAC
BdorOR69a	KP743730	CCTACTTCACCTTGGATCTG	GGTTACCTGCACGATCGTAG
BdorOBP57c	KP743697	GTATTTGCGTTGCCACCTGG	GCCATTTAGCAGACAATCGG
BdorOBP5	KC559116	CAAGGAGCACAATGTATCGC	CATTCATCCACAGCAGCAAC
BdorOR63a-1	KP743726	CTGCTACAACAGGTGATTGC	GTAGCCAAGGACATTACTGTG
BdorOR88a	KP743732	TGTATGCTTCGTGGTTACCG	CATCCGGCACATTCATTTCC
BdorIR92a	KP743674	GTCAGTCAACTGGATGTCGG	GAAACGTACTGTGTCCGAAAG
BdorSNMP1-1	KP743734	CAGATCCGAGCTTGCATTGC	AACACCGCATGATCCTTCTC
α-tubulin	XM_011212814	CGCATTCATGGTTGATAACG	GGGCACCAAGTTAGTCTGGA

3.2.11 *OR63a-1* 和 *OR88a* 基因序列分析与系统发育树构建

从 NCBI 数据库中获得橘小实蝇 2 个靶标基因 *OR63a-1*、*OR88a* 及其他 ORs 基因的核苷酸序列和氨基酸序列，以地中海实蝇 *Ceratitis capitata*（Wiedemann）和黑腹果蝇 *Drosophila melanogaster*（Meigen）等双翅目昆虫的 ORs 为参照对象，利用 MEGA 7.0 软件（Molecular Evolutionary Genetics Analysis, Version 4.0, Sudhir Kumar, USA）的最大似然法（Maximum likelihood）构建系统发育树，通过 iTOL（Interactive Tree Of Life，http://itol.embl.de）在线软件美化树形，将在 N 端中分散的信号多肽移除，以重复抽样 1000 次进行 Bootstrap 验证，分析评估系统进化树的拓扑结构的稳定性。

3.2.12 不同日龄和日节律对橘小实蝇雄成虫对 ME 的趋性及 *OR63a-1*、*OR88a* 表达量的影响

参考已有的文献报道方法（Karunaratne and Karunaratne, 2012），分别随机选择 200 头羽化 2d 和 10d 的雄成虫，放于 1.0m×1.0m×1.0m 的养虫笼中，适应 30min 后，将含有 500μL ME 的诱捕器放于笼中央，对照组放置不含 ME 的诱捕器。处理 2h 后（9:00am-11:00am），统计处理组和对照组诱瓶中橘小实蝇的数量评估不同羽化日龄对橘小实蝇雄成虫趋向 ME 的能力。为了研究日节律对橘小实蝇雄成虫对 ME 趋性的影响，按照上述试验步骤分别在一天的 09:00、13:00 和 17:00 时间段检测羽化 10d 的雄成虫对 ME 的趋性能力。每处理独立 3 次生物学重复。

另外，分别收集未经 ME 处理的 2d 和 10d 的雄成虫触角，以及 10d 雄成虫在分别在一天的 09:00、13:00 和 17:00 时的触角，然后提取触角总 RNA，反转录为 cDNA，然后采用 qRT-PCR 的方法检测 *OR63a-1* 和 *OR88a* 的表达量。试验独立进行 3 次生物学重复。

3.2.13 *OR63a-1* 和 *OR88a* 在爪蟾卵母细胞表达和双电极电压钳记录

3.2.13.1 *OR63a-1*、*OR88a* 和 *Orco* 表达载体构建

由于气味受体为异源二聚体，橘小实蝇的普通气味受体需要同 *Orco* 在爪蟾卵母细胞中共表达才能发挥作用，本研究以橘小实蝇雄成虫触角 cDNA 为模板，利用

含酶切位点的基因克隆引物（表 3.2）扩增 *OR63a-1*、*OR88a* 和 *Orco*（登录号：EU621792）基因。PCR 产物通过 1%琼脂糖凝胶电泳检测，将正确的条带进行切胶回收，然后将回收产物连入表达载体 pCS2$^+$上，转入大肠杆菌感受态细胞中，挑取 PCR 验证正确的单菌落送测序。

3.2.13.2 *OR63a-1*、*OR88a* 和 *Orco* 基因 cRNA 合成

将测序正确的单菌落过夜摇匀，根据质粒小提试剂盒操作说明提取质粒，具体试验步骤参考本书第 2 章 2.2.5.7。提取的质粒使用 Not I 或 Sma I 进行单酶切线性化，使用 mMESSAGEmMACHINE SP6 试剂盒（Ambion, Austin, TX, USA）合成 *OR63a-1*、*OR88a* 和 *Orco* 基因的 cRNA。用无核酸酶水（Nuclease-free water）将 cRNA 稀释至 2000ng/μL，分装至无 RNase-free 的 PCR 管中，–80℃保存

3.2.13.3 爪蟾卵母细胞表达和双电极电压钳记录

双电极电压钳记录方法参考已有的文献报道方法（Xu *et al*., 2014; Li *et al*., 2017; Liu *et al*., 2017a），将 1μL 浓度为 2000ng/μL 的 OR cRNA 和 1μL 同样浓度的 *Orco* cRNA 混匀，然后从动物极注射到健康且成熟的爪蟾卵母细胞中，每个细胞的注射量为 27.6nL。以注射 2μL 水的爪蟾卵母细胞作为对照。注射过 cRNA 的细胞在培养液（1×Ringer，5%马血清，50μg/mL 四环素，100μg/mL 链霉素和 550μg/mL 丙酮酸钠）中，18℃恒温培养 3d。随后用 OC-725C（Warner Instruments, Hamden, CT, USA）双电极电压钳记录卵母细胞对于 ME 和 MO 刺激的反应，保持电压为–80mV。数据记录和分析是通过 Pclamp 10.2 和 Digidata1440A 数模转化器（Axon Instruments Inc., Union City, CA）来完成。表 3.2 为靶标基因双电极电压钳试验相关引物。

表 3.2 靶标基因双电极电压钳试验相关引物

蛋白名称	引物序列
OR63a-1 F	CGGAATTCGCCACCATGTACAGCATAAGTGAAATA
OR63a-1 R	CGGCTCGAGTTAAGTTTCATCAATATCTCGAAGT
OR88a F	CGGAATTCGCCACCATGGCGCCGCAACAGGAAGTG
OR88a R	CGGCTCGAGTCATTTGTGTAACCCTTTGCCTTC
Orco F	CGGAATTCGCCACCATGCAGCCCAGCAAATATGTG
Orco R	CGGCTCGAGCTACTTCAATTGCACCAGCACCATG

3.2.14 RNA 干扰验证 *OR63a-1* 和 *OR88a* 的生物学功能

首先，根据 RNAi 引物设计原则设计合成 *OR63a-1* 和 *OR88a* 的引物（表 3.3）。然后按照本书第 2 章 2.2.5.7 的试验方法合成 *OR63a-1* 和 *OR88a* 的 dsRNA，最后参考已有的文献报道方法（Liu *et al*., 2015; Dong *et al*., 2016; Hou *et al*., 2017），分别随机选择 50 头羽化 15d 的橘小实蝇雄成虫，使用 Eppendorf 显微注射仪（Eppendorf Ltd., Germany）从雄成虫腹部地 2 节与第 3 节连接处注入 400nL（2000ng/μL）的 dsRNA，阴性对照组为注射等量的 dsGFP，然后放于 35cm×35cm×35cm 的养虫笼中正常饲养，空白对照组为正常饲养的橘小实蝇。

处理 24h 和 48h 后，统计处理组和对照组橘小实蝇的死亡数。然后将各组存活的雄成虫转移至 1.0m×1.0m×1.0m 的养虫笼中，把含有 500μL ME 的诱捕器放于笼中央，引诱 2h 后（9:00am-11:00am），统计处理组和对照组引诱橘小实蝇的数量。同时，采用 qRT-PCR 方法检测靶标基因（*OR63a-1* 和 *OR88a*）的沉默效率。每次试验 5 次生物学重复。

表 3.3 靶标基因 RNAi 试验相关引物

蛋白名称	引物序列
dsOBP63a-1 F	<u>TAATACGACTCACTATAGGGAGACCAC</u>TCCAGGTGTTATGTCTACTG
dsOBP63a-1 R	<u>TAATACGACTCACTATAGGGAGACCAC</u>GTAGCCAAGGACATTACTGT
dsOR88a F	<u>TAATACGACTCACTATAGGGAGACCAC</u>TGTATGCTTCGTGGTTACCG
dsOR88a R	<u>TAATACGACTCACTATAGGGAGACCAC</u>CATACCACTGCTGTTCGTAG
dsGFP F	<u>TAATACGACTCACTATAGGGGAGACCAC</u>ACGGCCACAAGTTCAGCGT
dsGFP R	<u>TAATACGACTCACTATAGGGGAGACCAC</u>GACCACTACCAGCAGAACA

注：表中下划线的核酸序列为 T7 启动子序列。

3.2.15 数据分析

试验数据应用 SAS 9.20 数据处理平台（SAS Institute Inc. Cary. NC）统计分析，所有的数据都用夏皮罗-威尔克（Shapiro-Wilk）法进行正态分布检验，用 Levene 测试来检测数据的方差齐性。符合正态分布和方差齐同的数据进行方差分析（One-way analysis of variance，ANOVA），并用邓肯氏新复极差法（Duncan's multiple range test，

DMRT，$P = 0.05$）和 t-检验（$P = 0.05$）对各处理数据进行差异显著性分析。不符合正态分布的数据使用非参数 Kruskal-Wallis 测试法分析比较中位数，在 $P = 0.05$ 显著性水平上差异的数据使用 Mann-Whitney 检验进行成对比较。所有试验至少重复 3 次，并使用 Origin 9.0 软件绘图。

3.3 试验结果

3.3.1 RNA-Seq 数据质控与评估

橘小实蝇雄成虫触角样品的转录组测序共测得 23552399343 条 raw reads，经过滤得到 157514454 条 clean reads，两端平均 Q20 为 95.60%，两端平均 Q30 为 89.41%（表 3.4、表 3.5）。而且，碱基含量分布表明，G 与 C、A 与 T 的含量是相等的，并且在测序过程基线保持水平，除了在起始位置的一些碱基（图 3.1），这些数据表明测序结果较好，可信度高。利用 Trinity 软件对测得的 6 个转录组数据进行从头组装，去除质量较低的序列后，共得到 36215 条 Unigenes，平均长度为 1147bp，N50 为 2362bp，GC 含量为 41.61%（表 3.5）。在这些 Unigenes 中，共有 11413 条长度大于 1000bp，占了 31.51%，大部分 Unigenes 长度分布在 200～300nt（图 3.2）。原始数据已上传到 NCBI 的 Short Reads Archive（SRA）数据库中，登录号为 SRP124917。

表 3.4 各处理样本 RNA-Seq 数据统计

组别	MO 对照组			ME 处理组		
	CK1	CK2	CK3	T1	T2	T3
No. of raw reads	28225798	26037232	24184396	28199572	28483296	28629132
No. of clean reads	27061444	25131852	23175938	27289334	27449152	27406734
Adapter/%	0.05	0.05	0.06	0.08	0.07	0.06
GC content/%	42.81	41.90	41.50	41.28	41.36	40.81
Q20/%	95.68	95.89	95.67	96.02	95.81	95.60
Q30/%	89.53	89.92	89.52	90.22	89.77	89.41

注：CK1、CK2 和 CK3 为矿物油对照组的 3 次生物学重复，T1、T2 和 T3 为 ME 处理组的 3 次生物学重复。Q20：表示质量值大于 20 的碱基所占的百分比；Q30：表示质量值大于 30 的碱基所占的百分比。

表 3.5 RNA-Seq 组装结果统计

组别	数量
碱基总数	23552399343
过滤后片段数	157514454
组装片段总数	41553801
Unigene 数量	36215
GC 含量/%	41.61
Unigene N50/bp	2362
Unigene 最长长度/bp	27401
Unigene 最短长度/bp	201
Unigene 平均长度/bp	1147

注：N50 即覆盖 50%所有核苷酸的最大序列重叠群长度。

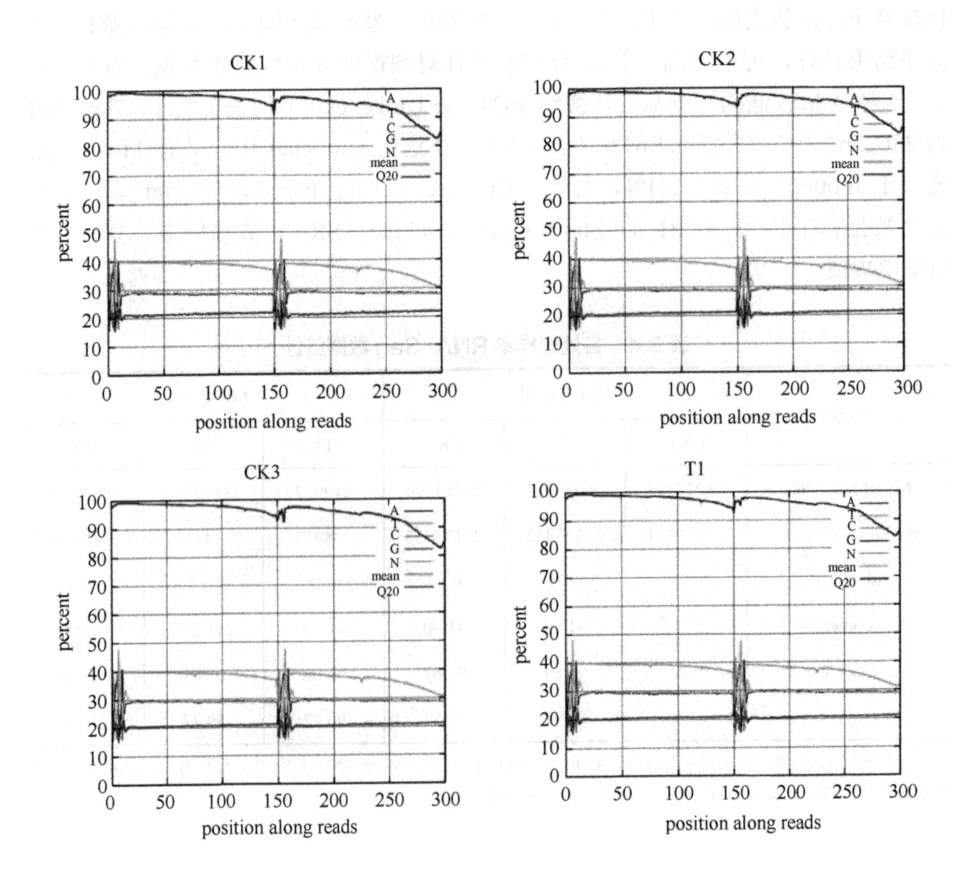

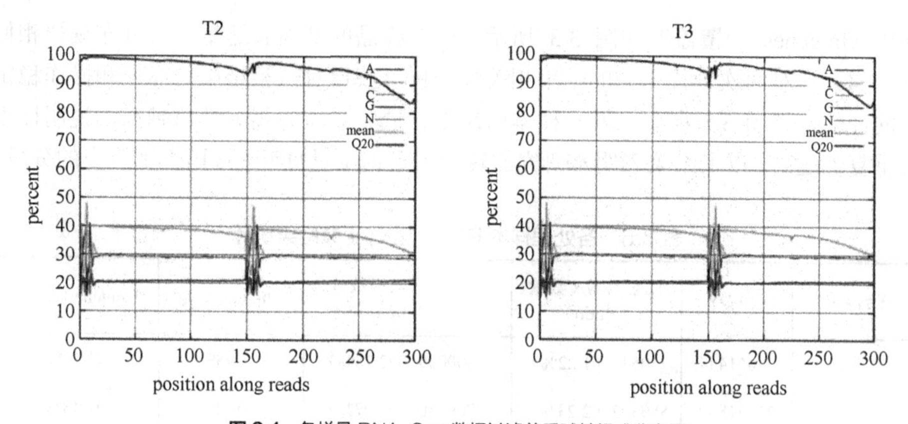

图 3.1 各样品 RNA-Seq 数据过滤前后碱基组成分布图

注：CK1、CK2 和 CK3 为矿物油对照组的 3 次生物学重复，T1、T2 和 T3 为 ME 处理组的 3 次生物学重复。

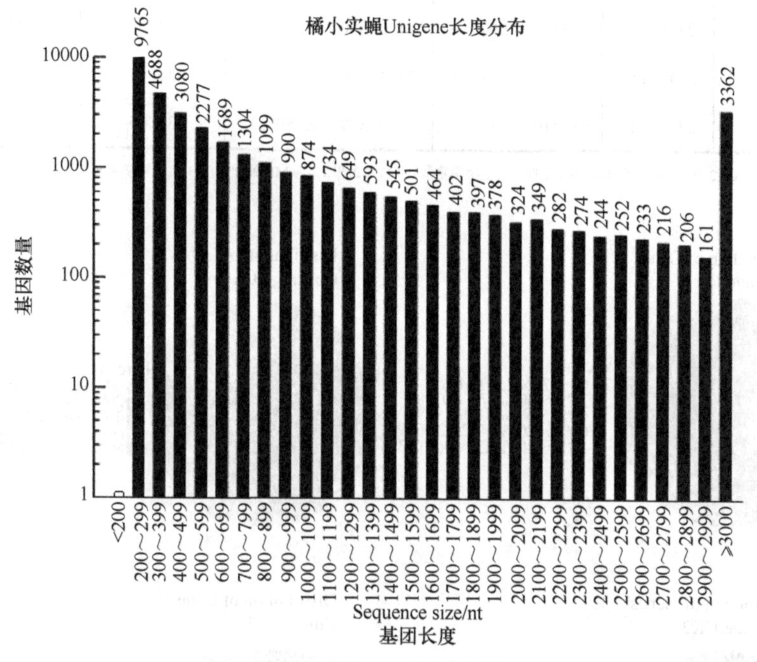

图 3.2 Unigene 长度分布图

3.3.2 不同处理组样本转录组测序与 *De novo* 组装分析

通过序列分析软件将组装的转录本与参考基因组进行比对、分析，超过 92%的转录本成功比对上（表 3.6）；基因覆盖度指每个基因被 reads 覆盖的百分比，其值等于基因中被比对的 reads 覆盖的碱基数跟基因编码区所有碱基数的比值，每个样品中 Unigenes 的覆盖度如图 3.3 所示；6 个样品的基因表达量丰度分布规律相似（图 3.4）；对两次平行试验的结果相关性分析可获得对试验结果可靠性和操作稳定性的评估，如图 3.5 所示，同一样本两次平行试验之间的相关性值越高，说明样本可重复性越高。以上结果表明本研究的转录组数据质量良好，可用于下一步的分析。

表 3.6　各处理样本 RNA-Seq 组装结果统计

样品名称	片段数量	比对 rRNA 数量（Ratio）	比对参考基因数量（Ratio）	Unigene 数量	Unigene 比对率
CK1	27061444	330540（1.22%）	24800069（92.78%）	32989	91.10%
CK2	25131852	559392（2.23%）	22869440（93.07%）	33129	91.48%
CK3	23175938	446156（1.93%）	21116732（92.90%）	33258	91.84%
T1	27289334	728400（2.67%）	24460800（92.09%）	34232	94.53%
T2	27449152	744516（2.71%）	24715670（92.55%）	33897	93.60%
T3	27406734	857410（3.13%）	24582399（92.59%）	34065	94.07%

注：CK1、CK2 和 CK3 为矿物油对照组的 3 次生物学重复，T1、T2 和 T3 为 ME 处理组的 3 次生物学重复。

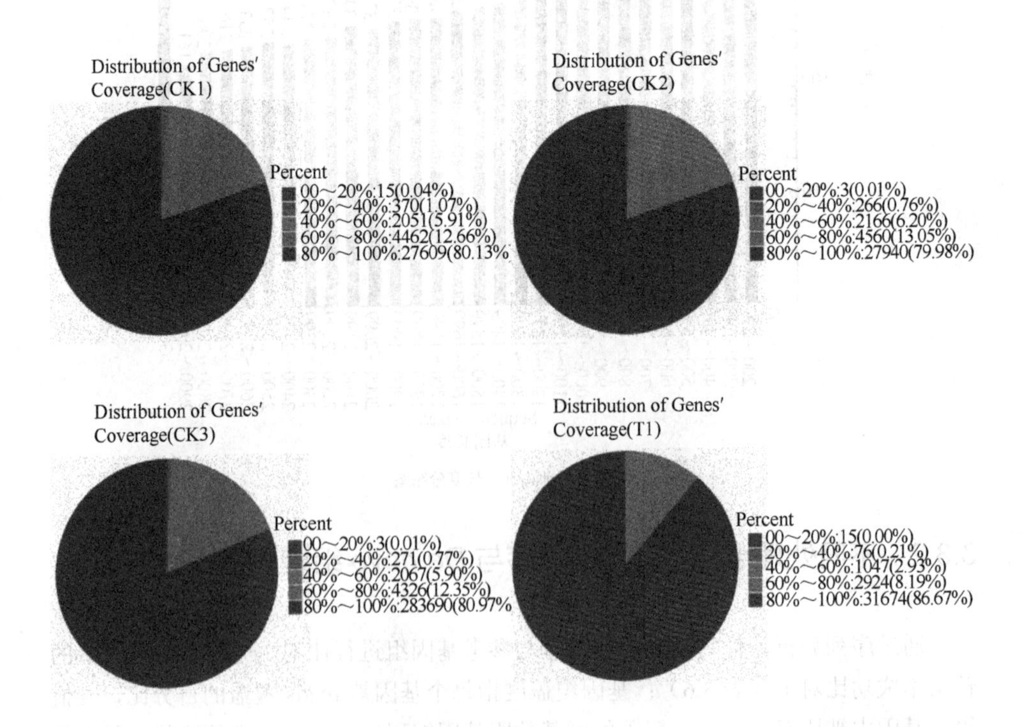

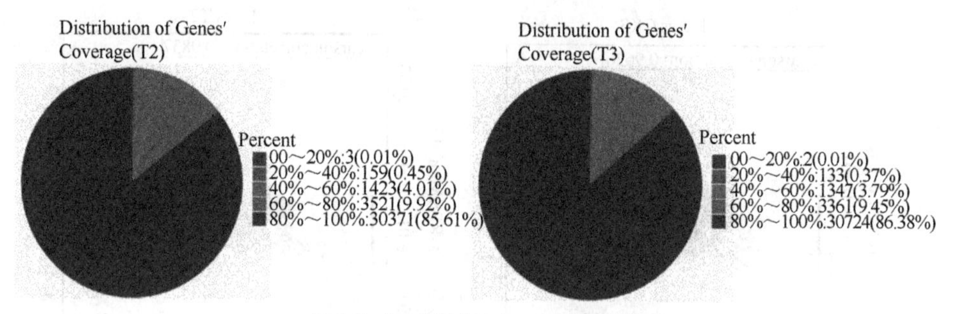

图 3.3　每个样品中 Unigenes 的覆盖度

注：CK1、CK2 和 CK3 为矿物油对照组的 3 次生物学重复，T1、T2 和 T3 为 ME 处理组的 3 次生物学重复。

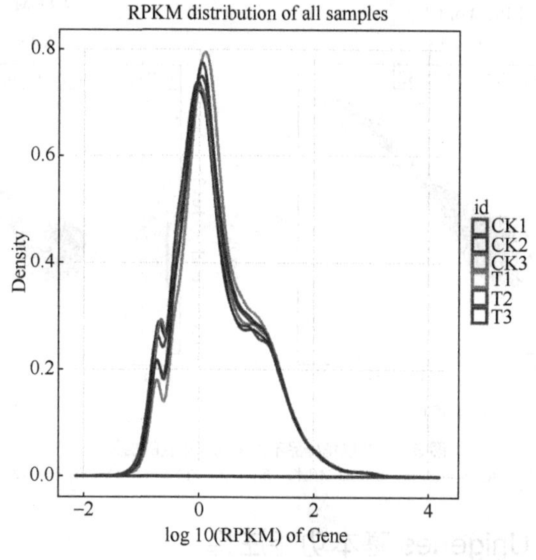

图 3.4　每个样品中基因表达量丰度

注：CK1、CK2 和 CK3 为矿物油对照组的 3 次生物学重复，T1、T2 和 T3 为 ME 处理组的 3 次生物学重复。

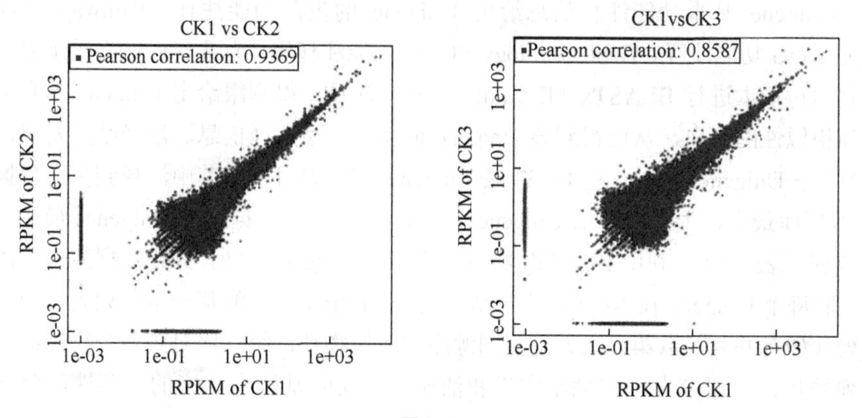

图 3.5

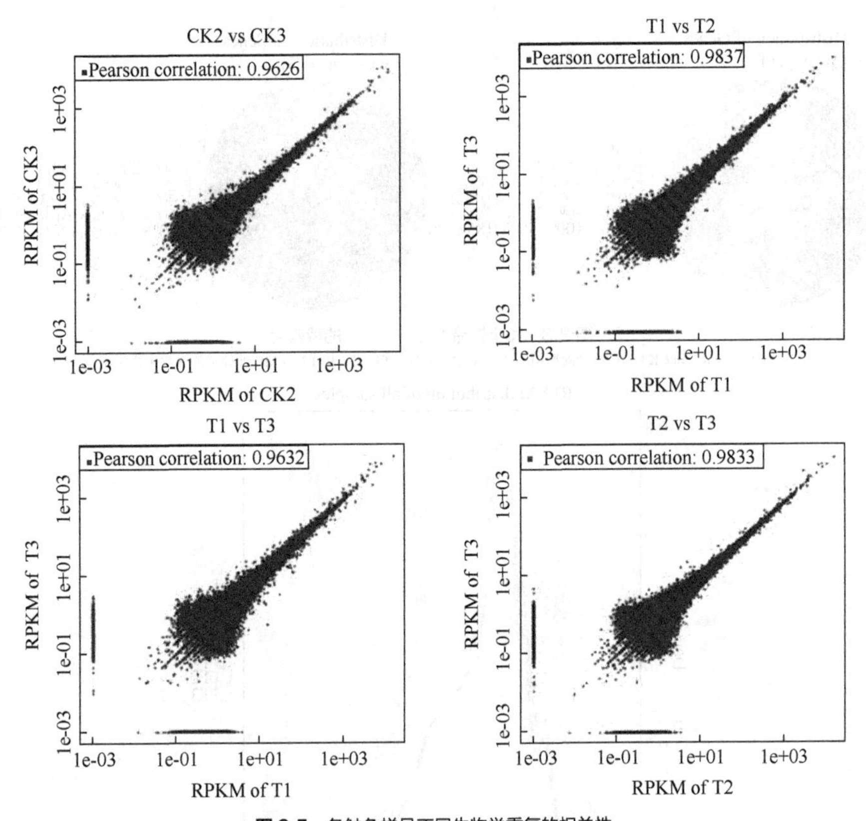

图 3.5 各触角样品不同生物学重复的相关性

注：CK1、CK2 和 CK3 为矿物油对照组的 3 次生物学重复，T1、T2 和 T3 为 ME 处理组的 3 次生物学重复。

3.3.3 转录组 Unigenes 基本功能注释

Unigene 基本功能注释信息给出 Unigene 的蛋白功能注释、Pathway 注释、COG/KOG 功能注释、Gene Ontology（GO）功能注释等。首先，通过将转录组组装得到的转录本进行 BLASTx（E values≤10^5）注释，得到跟给定 Unigene 具有最高序列相似性的蛋白，从而得到该 Unigene 的蛋白功能注释信息。注释结果发现，在 36215 条 Unigenes 中，共有 19933 条 Unigenes 被成功注释，其中注释到蛋白数据库 Nr 数据库最多，为 19871 条 Unigenes，注释到 KEGG 数据库的 Unigenes 最少，为 6937 条（表 3.7）。利用 BLASTx 将组装出来的 Unigene 序列与 Nr 数据库进行比对后，取每个 Unigene 在 Nr 库中比对结果最好（E 值最低）的那一条序列为对应同源序列（如有并列，取第一条）确定同源序列所属物种，统计比对到各个物种的同源序列数量，本研究发现与橘小实蝇和油橄榄果实蝇基因有高度的同源性，分别为 43.90%和 6.87%（图 3.6）。

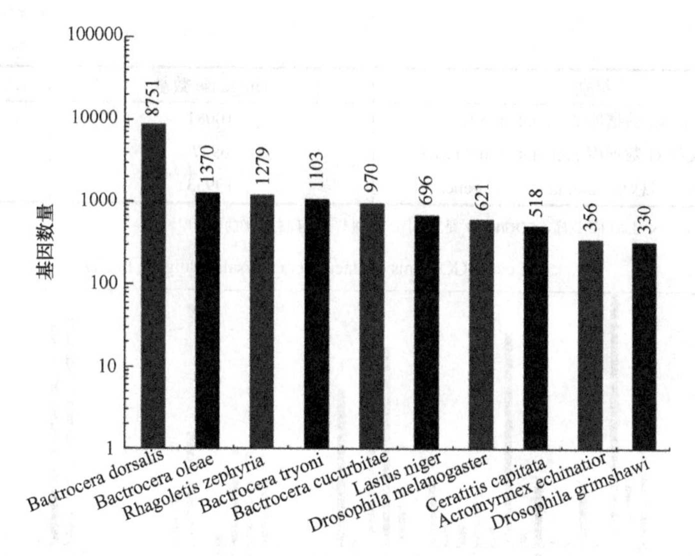

图 3.6 橘小实蝇转录本在物种上的分布

根据 Nr 注释信息，使用 Blast2GO 软件得到 Unigene 的 GO 注释信息，然后本书作者用 WEGO 软件对所有 Unigene 做 GO 功能分类统计，从宏观上认识橘小实蝇的基因功能分布特征。通过 GO 功能分类条目分析，其中归类到细胞进程（cellular process）的转录本数量最多，达到 4564，其次是结合过程（binding process）（4096），再次为催化活性过程（catalytic activity process）（3972）和代谢过程（metabolic process）（3854）（图 3.7）。在 KOG 注释中，有 10081 个带注释的基因被聚集到 26 个功能类别中（表 3.7 和图 3.8）。在这些类别中，“一般功能预测基因”（general functional prediction only）（4095）占比最大，其次是“信号转导”（signal transduction）（3416）和“翻译后修饰、转导蛋白和伴侣蛋白”（post-translational modification, protein turnover and chaperone）（1615）（图 3.8）。本书作者用 KEGG 数据库检索橘小实蝇蛋白质交互作用的功能网络，结果表明，3245 个基因注释到 KEGG 数据库，并被分配到 163 条与昆虫相关代谢通路中。大多数基因被注释到“赖氨酸降解”（lysine degradation）、“嘌呤代谢”（purine metabolism）、“细胞胞吞作用”和“RNA 转运”（endocytosis and RNA transport）等通路中（分别为 251、198、145 和 137 个基因）。以上研究结果有助于进一步研究橘小实蝇识别 ME 过程中涉及的功能基因和相关分子信息通路。

表 3.7 四大数据库注释结果统计

组别	Unigense 数量	比例/%
Unigense 总数	36215	100
注释到 Nr 数据库	19871	54.87
注释到 SwissProt 数据库	10727	29.62

续表

组别	Unigense 数量	比例/%
注释到 KOG 数据库 Annotated in KOG	10081	27.84
注释到 KEGG 数据库 Annotated in KEGG	6937	19.16
注释的基因总数 Total annotated genes	19933	55.04

注：Nr 和 SwissProt 是蛋白数据库，COG/KOG 是对基因产物进行直系同源分类的数据库。

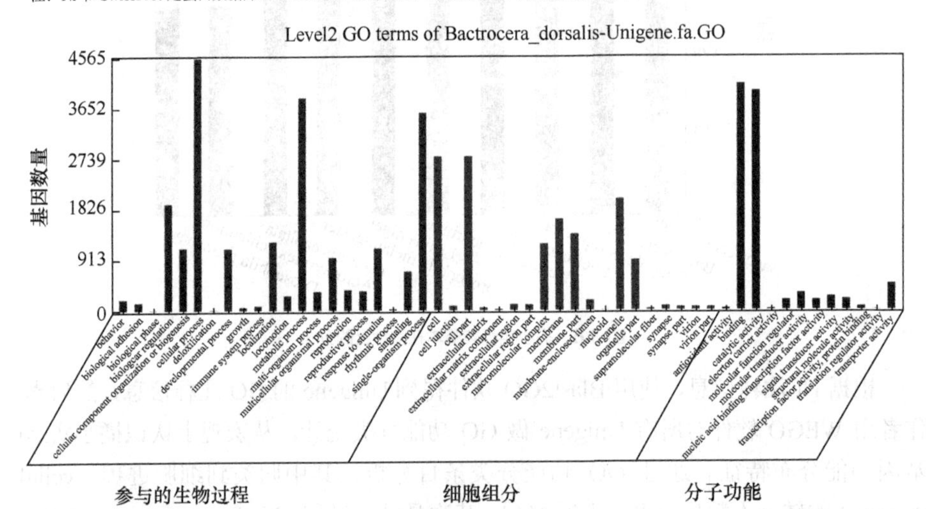

图 3.7 橘小实蝇雄成虫触角 Unigenes GO 分类

注：y 轴代表基因数量，横坐标代表 GO 三个 ontology：基因的分子功能、细胞组分、参与的生物过程。

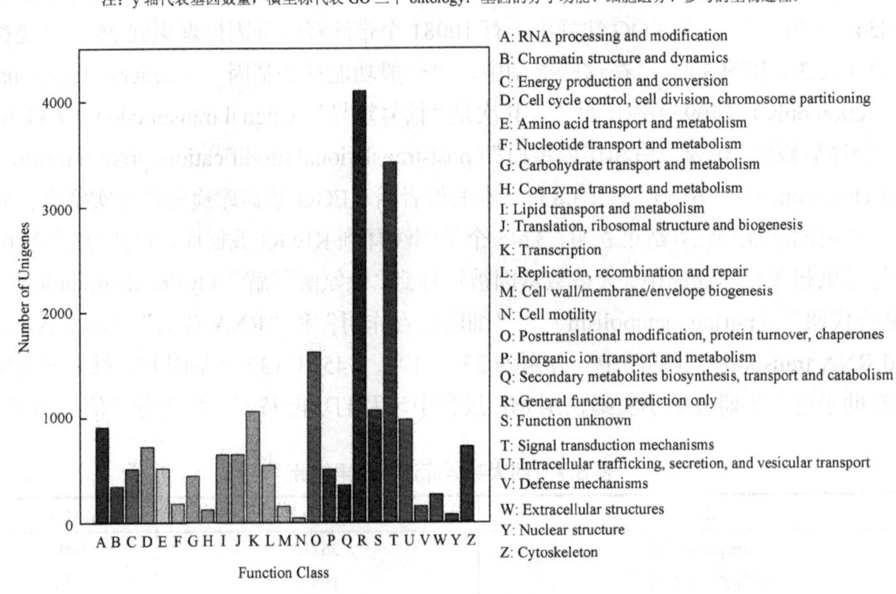

图 3.8 橘小实蝇 Unigenes 的 KOG 功能分类

3.3.4 ME处理组与MO对照组橘小实蝇雄成虫触角差异表达基因分析

根据每个基因的FPKM值，计算并统计了ME处理组和MO对照组橘小实蝇雄成虫触角基因表达量的差异，结果发现共4433个差异表达基因（$|\log_2 FC|>1$, P value <0.05; FDR<0.05），与MO对照组相比，有3813（86.01%）个基因在ME处理组中表达量上调，620（13.99%）个基因在ME处理组中表达量下调（图3.9A），上调基因的数量远远低于下调的基因，说明ME刺激后，橘小实蝇雄成虫触角内绝大多数基因被激活表达。ME处理组和MO对照组橘小实蝇触角基因达量变化结果如图3.9B所示，红色和绿色的圆圈表示有显著性差异表达基因，黑色的圆圈代表无显著性差异表达的基因。图3.9C代表由4433个显著性差异表达基因构建的聚类热图。

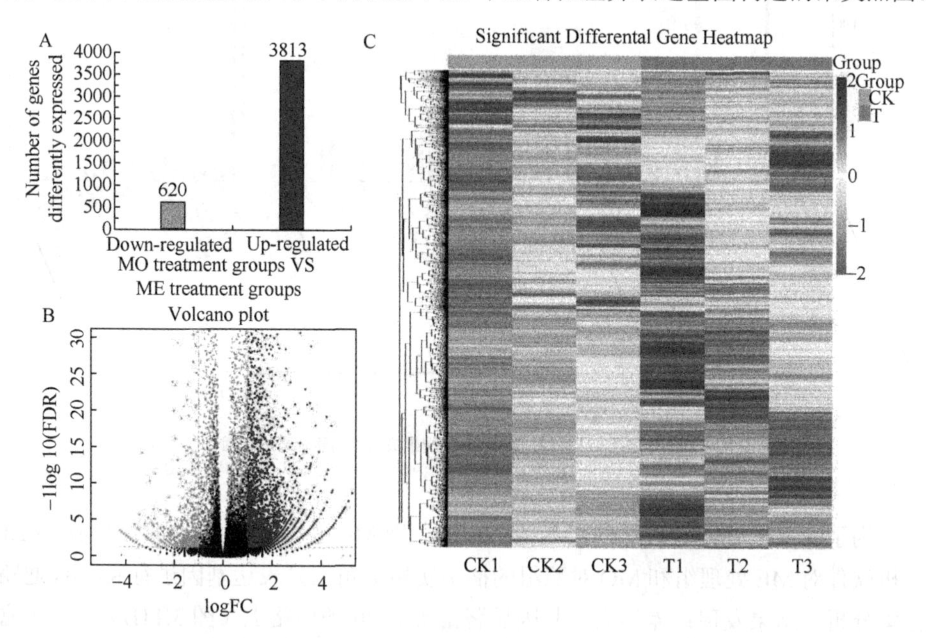

图3.9 ME处理组和MO对照组橘小实蝇雄成虫触角差异基因统计分析

注：（A）ME处理组和MO对照组橘小实蝇雄成虫触角差异基因定量结果统计；（B）火山图统计ME处理组和MO对照组橘小实蝇雄成虫触角基因表达量的变化（红色圈代表表达量显著上调的差异基因，绿色圈代表表达量显著下调的差异基因，$|\log_2 FC|>1$且$P<0.05$）；（C）聚类热图分析差异基因表达谱（CK和T分别代表有MO对照组和ME处理组雄成虫），红色条带代表在ME处理后的雄成虫中表达量上调的基因，蓝色部分代表在ME处理后的雄成虫中表达量下调的基因。

3.3.5 差异表达基因的GO分类、GO富集与KEGG通路富集分析

对差异表达基因进行GO分类，结果显示，这些差异表达基因共分为生物学进

程（biological process）、细胞组分（cellular component）和分子功能（molecular fuction）三类功能类群，分别包含 26、30、27 个功能 terms（图 3.10）。在生物学进程类群中，富集差异基因数最多的是细胞进程（cellular processes）、代谢进程（metabolic processes）、单有机体过程（single-organism process）、生物调节（biological regulation）和应激反应（response to stimulus）；在细胞组分类群中，富集差异基因数最多的是细胞（cell）和细胞成分（cell part）；在分子功能类群中，富集差异基因数最多的是催化活性（catalytic activity）和结合作用（binding）（图 3.11A）。

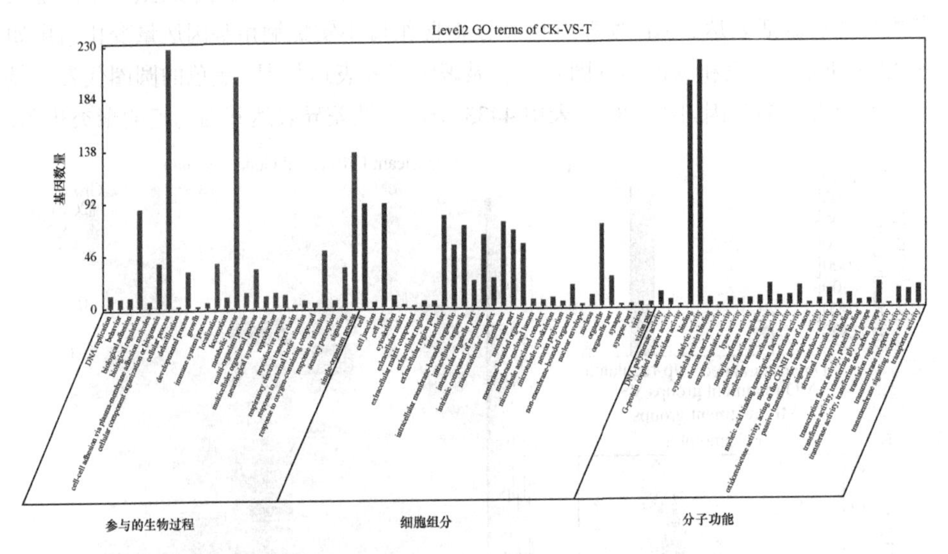

图 3.10 ME 处理组和 MO 对照组橘小实蝇雄成虫触角差异表达基因 GO 分类

注：*y* 轴代表基因数量，GO 功能注释将差异表达基因分为参与的生物学过程、分子功能和细胞组分。

为了深入了解差异表达基因与橘小实蝇识别 ME 过程的关系，通过 KOBAS 2.0 分析软件对 ME 处理组和 MO 对照组的橘小实蝇触角差异表达基因进行 KEGG 通路富集分析，结果发现：差异表达基因显著富集到 20 条通路上（图 3.11B），其中富集的通路主要与外源物质的代谢和降解（xenobiotics biodegradation and metabolism）、信号转导（signal transduction）、信号分子交互作用（signaling molecules and interaction）、转导与分解代谢（transport and catabolism）等途径相关，具体包括药物代谢（drug metabolism）、细胞色素 P450 介导的药物代谢（drug metabolism-cytochrome P450）、细胞色素 P450 介导的外源物质分解代谢（metabolism of xenobiotics by cytochrome P450）、磷脂酰肌醇信号系统（phosphatidylinositol signaling system）、mTOR 信号通路（mTOR signaling pathway）、hippo 信号通路（hippo signaling pathway）、溶酶体（lysosome）和内吞作用（endocytosis）。以上结果为研究橘小实蝇识别ME过程中涉及的特定生物学过程、基因功能和通路提供了理论依据。

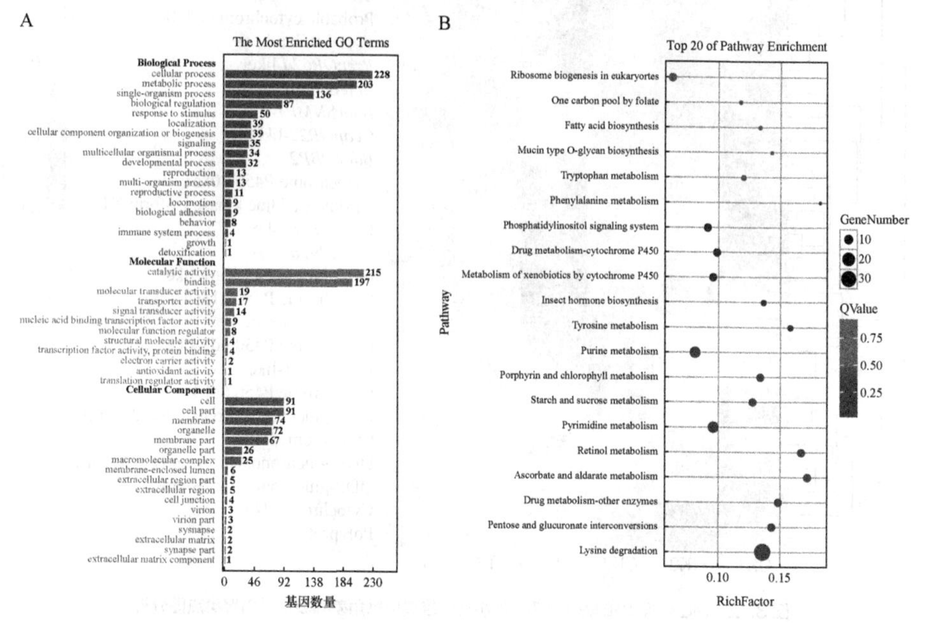

图 3.11 ME处理组和MO对照组橘小实蝇雄成虫触角差异表达基因GO富集和KEGG通路富集

注：（A）代表差异基因GO富集结果（*P*-value＜0.05），x轴代表差异基因数量，y轴代表GO富集条目；（B）差异基因KEGG通路富集结果，圈的颜色代表对应的*P*值，圈的大小代表基因数。

3.3.6 与嗅觉传导相关的差异表达基因鉴定

通过分析，涉及催化活性、结合作用、应激反应、分子信号转导和转运活性的差异表达基因可能参与橘小实蝇雄成虫识别ME的分子过程，根据文献报道和GO/KEGG富集结果，筛选和鉴定了差异表达基因编码昆虫嗅觉相关蛋白，包括3种气味结合蛋白（OBP57c，OBP5和OBP2），2种气味受体（OR88a和OR63a-1）、1种离子型受体（IR92a）和1种感觉神经元膜蛋白（SNMP 1-1）（图3.12）。值得注意的是，与MO对照组相比，在ME处理组中*OR88a*和*OR63a-1*表达量分别上调了6.33倍和2.06倍。此外，羧酸酯酶（*Carboxylesterase*）、酯酶B1（*Esterase B1*）、细胞色素P450（*Cytochrome P450*）和UDP-葡萄糖醛酸转移酶2A3（*UDP-glucuronosyltransferase 2A3*）等编码气味降解酶（odorant-degrading enzymes，ODEs）的基因表达量在转录水平发生显著变化。

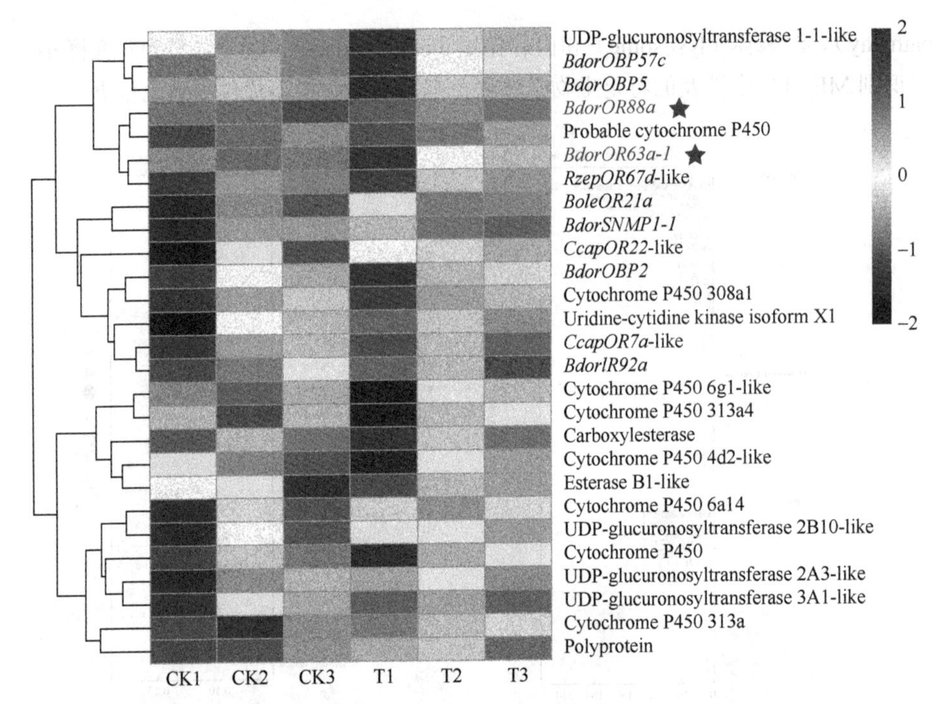

图 3.12 ME 处理组和 MO 对照组橘小实蝇雄成虫触角差异表达基因聚类热图分析

注：每一行代表一个差异表达的基因，蓝、白、红分别代表低、中、高基因表达量水平。

3.3.7 qRT-PCR 检测差异基因的表达量

为了验证转录组的分析结果，利用 qRT-PCR 的方法检测了 16 个差异表达基因在 ME 处理组和 MO 对照组橘小实蝇雄成虫触角中的表达量（图 3.13）。结果表明，*OBP57c* 和 *OBP5* 表达量差异性不显著，与 RNA-Seq 结果不一致，其余 14 个基因的表达量差异趋性与转录组鉴定的结果均保持一致。ME 处理后，qRT-PCR 结果发

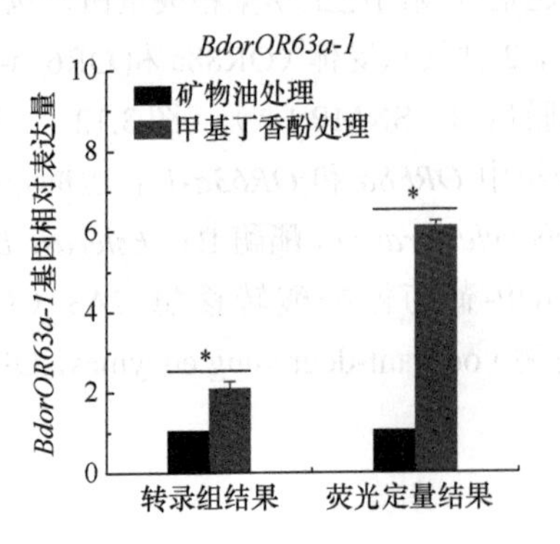

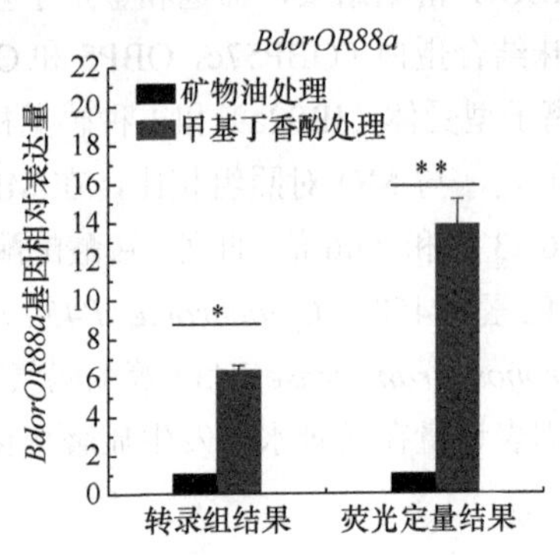

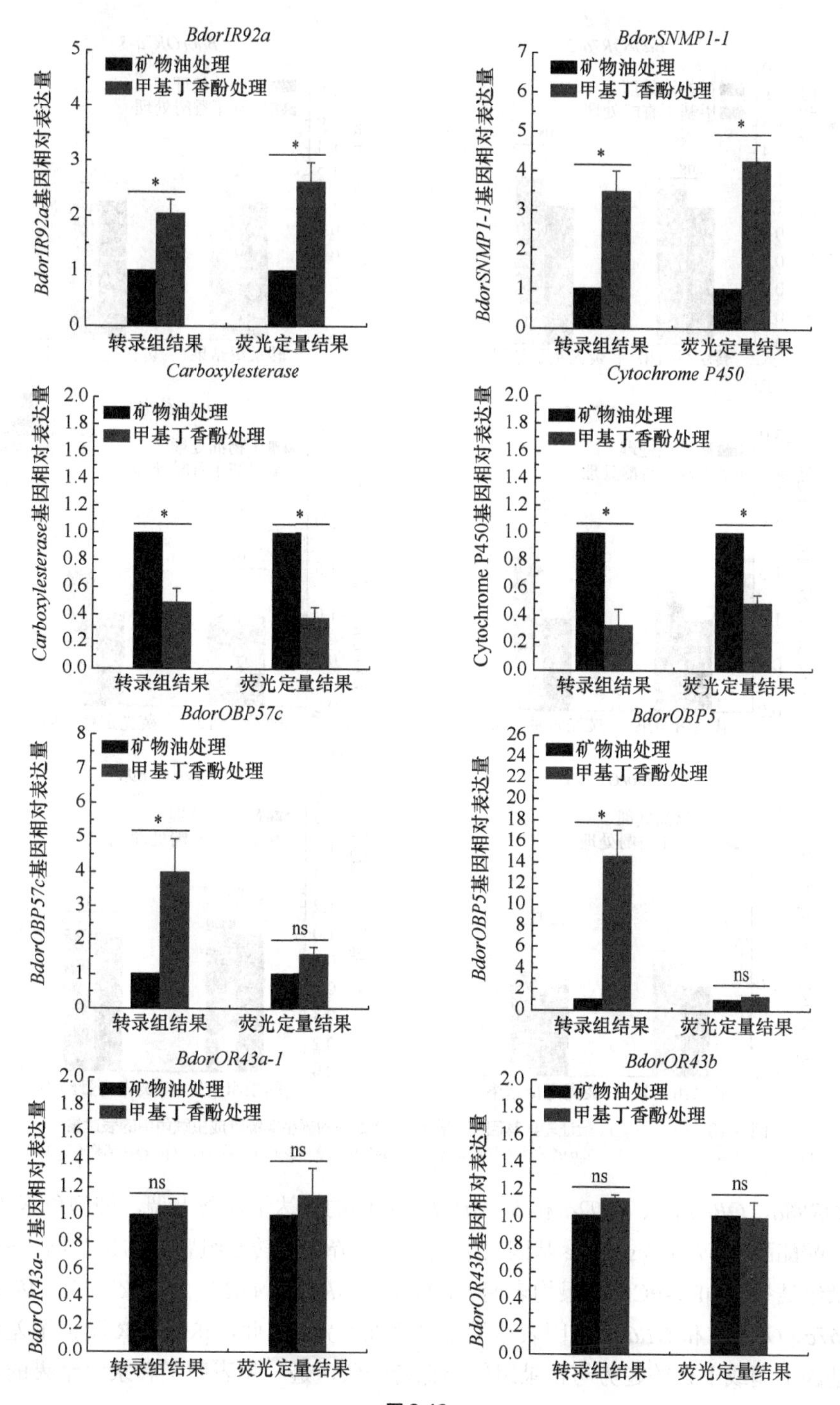
BdorIR92a
矿物油处理
甲基丁香酚处理
BdorIR92a基因相对表达量
转录组结果
荧光定量结果
BdorSNMP1-1
BdorSNMP1-1基因相对表达量
Carboxylesterase
Carboxylesterase基因相对表达量
Cytochrome P450
Cytochrome P450基因相对表达量
BdorOBP57c
BdorOBP57c基因相对表达量
BdorOBP5
BdorOBP5基因相对表达量
BdorOR43a-1
BdorOR43a-1基因相对表达量
BdorOR43b
BdorOR43b基因相对表达量
ns

图 3.13

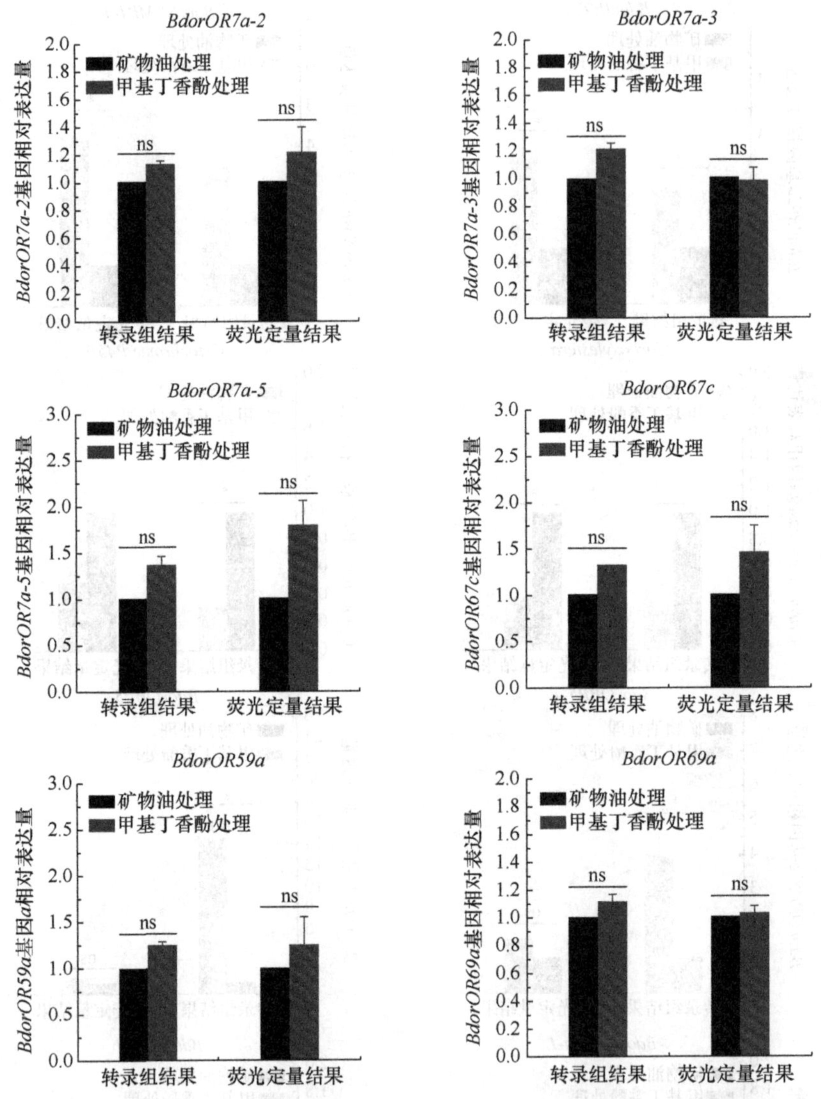

图 3.13 qRT-PCR 验证差异基因在 ME 和 MO 处理的橘小实蝇雄成虫触角中的表达量

注：ns 代表无显著性差异，*表示在 0.05 水平差异性显著，**表示在 0.01 水平差异性显著（*t-test*），每次试验重复 3 次。

现 *OR88a*、*OR63a-1*、*IR92a* 和 *SNMP 1-1* 基因的表达量显著上调，细胞色素 *P450* 和羧酸酯酶 *Carboxylesterase* 基因表达量显著下降，与转录组鉴定结果相同。同时，转录组结果和 qRT-PCR 结果均表明 *OR43a-1*、*OR43b*、*OR7a-2*、*OR7a-3*、*OR7a-5*、*OR67c*、*OR59a* 和 *OR69a* 基因表达量无显著性差异。因此，qRT-PCR 验证了差异表达基因上调或下调的趋势与转录组结果保持一致，进一步表明了转录组结果的正确性和可靠性。

3.3.8 气味受体进化树分析

结果显示，*OR88a* 基因全长包含 1245 个碱基，全长开放阅读框为 1245bp，编码 414 个氨基酸；*OR63a-1* 基因包含 1248 个碱基，开放阅读框全长为 1248bp，编码 415 个氨基酸。为了明确橘小实蝇 ORs 基因氨基酸序列与地中海实蝇和黑腹果蝇气味受体之间的进化关系，利用最大似然法对 91 个 ORs 氨基酸序列进行同源性比较分析，构建系统发育树（图 3.14），结果发现，橘小实蝇 ORs 分别与地中海实蝇和黑腹果蝇气味受体集聚为一簇，表现出明显的同源性。橘小实蝇 *OR88a* 与 *OR63a-1* 并未聚类到同一分支，但与同源基因黑腹果蝇 *DmelOR88a* 聚类在同一分支。

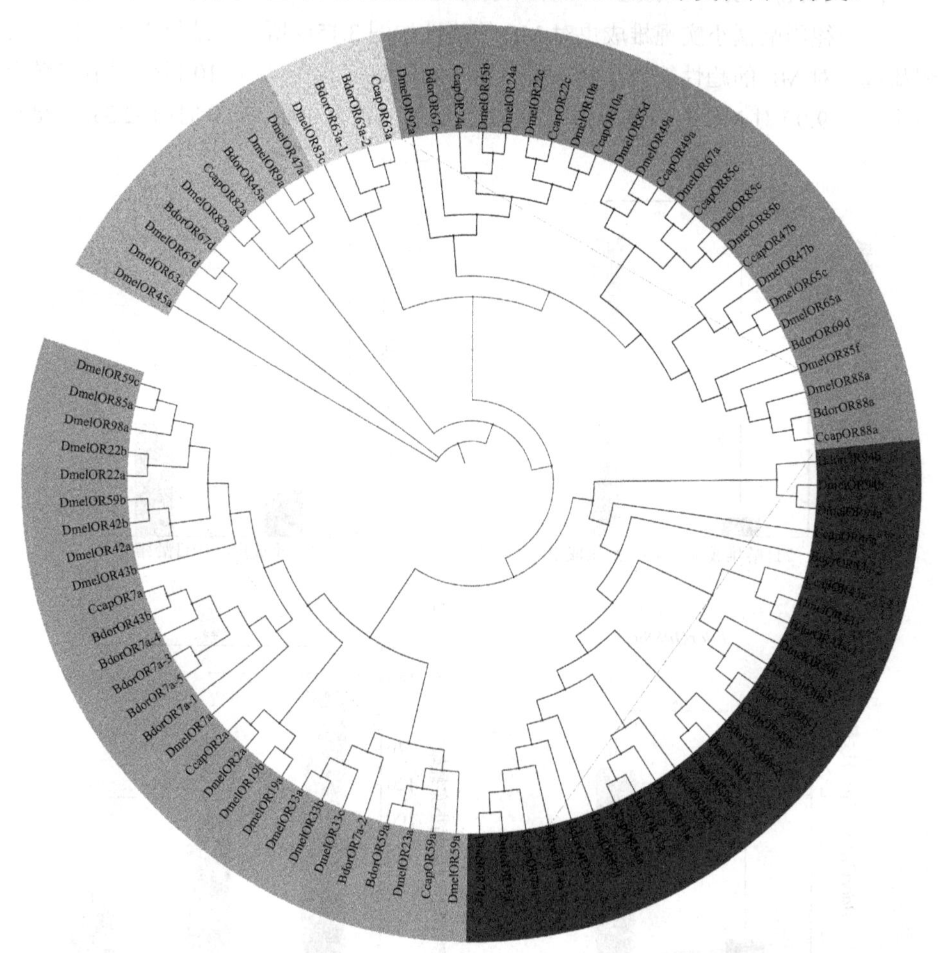

图 3.14 最大似然法构建橘小实蝇、地中海实蝇和黑腹果蝇 ORs 基因的系统进化树

3.3.9 日龄和日节律对橘小实蝇雄成虫趋向 ME 能力及 *OR63a-1*、*OR88a* 表达量的影响

日龄能显著影响橘小实蝇雄成虫对 ME 的趋性，如图 3.15A 所示，随着雄成虫日龄的增加，其对 ME 的趋性也逐渐增强，10 日龄性成熟雄成虫对 ME 的趋性最强（173.67±3.84），显著高于 2 日龄性未成熟雄成虫（11.67±1.00）（t = 32.40; df = 2; P = 0.001）。而且，*OR88a* 与 *OR63a-1* 基因在 10 日龄雄成虫触角中的表达量分别是 2 日龄性未成熟雄成虫触角中表达量的 4.57 倍（t = 13.01; df = 2; P = 0.0059）和 2.40 倍（t = 5.20; df = 2; P = 0.035）（图 3.15B、C）。

日节律影响橘小实蝇雄成虫对 ME 的趋性如图 3.15D 所示，结果表明，橘小实蝇雄成虫对 ME 的趋性能力在同一天不同时间段是不断变化的，10 日龄橘小实蝇雄成虫早上 9:00 对 ME 的趋性最强(173.67±3.84)，其次是中午 13:00 时(102.33±3.28)，

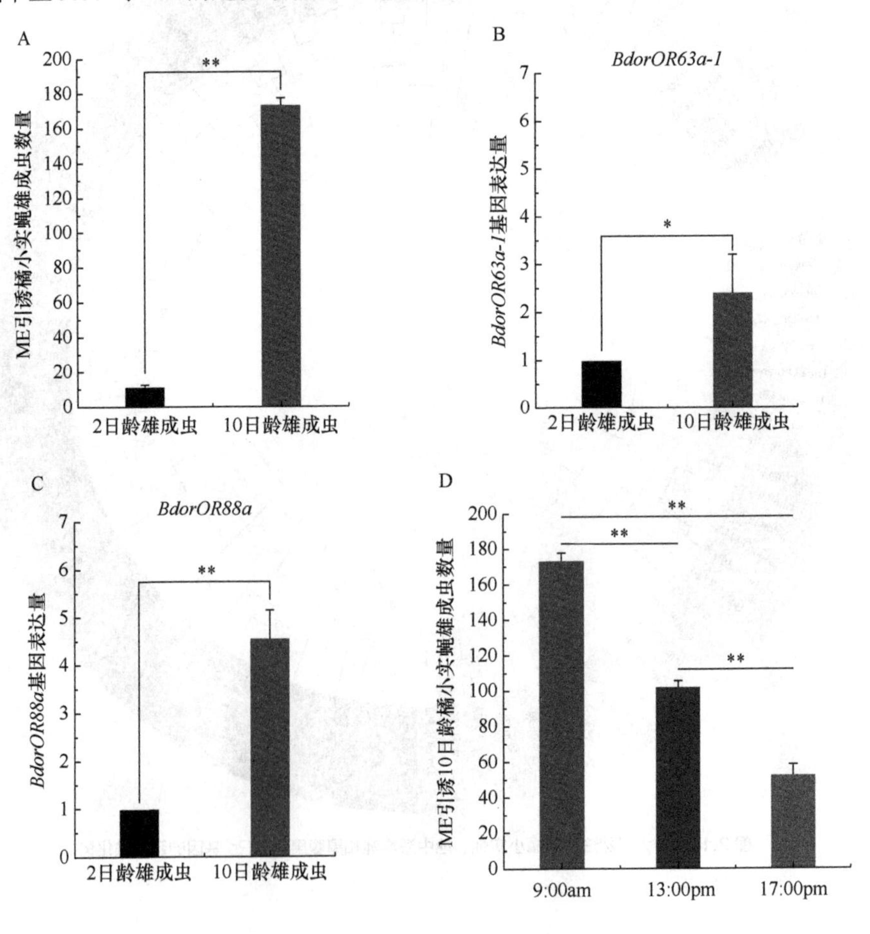

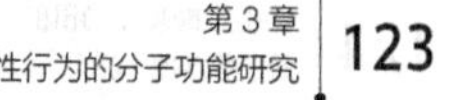

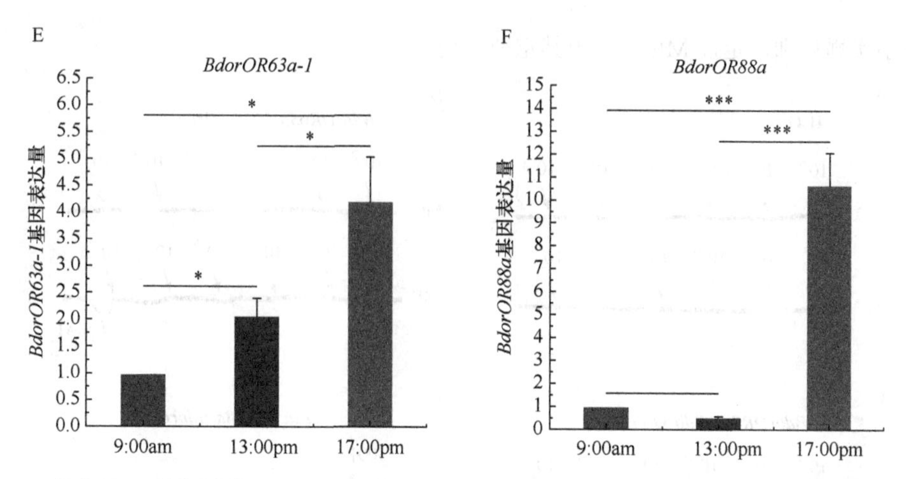

图 3.15 日龄和日节律对橘小实蝇雄成虫对 ME 趋性和触角基因 OR63a-1 和 OR88a 表达量的影响

注：（A）性成熟和性未成熟雄成虫对 ME 的趋性；（B、C）性成熟和性未成熟雄成虫触角中 OR63a-1、OR88a 的表达量；（D）性成熟雄成虫对 ME 趋性的日规律；（E、F）OR63a-1、OR88a 在性成熟雄成虫触角中表达量的日规律性。ns 代表无显著性差异，*表示在 0.05 水平差异性显著，**表示在 0.01 水平差异性显著，***表示在 0.001 水平差异性显著（*t-test*），每次试验重复 3 次。

傍晚 17:00 时对 ME 的趋性最弱（53.00±5.51）（$F = 312.49$; $df = 2$; $P < 0.0001$）。同样的，基因 *OR63a-1* 和 *OR88a* 的表达水平在同一天不同时间段也不一致。与早上 9:00 时雄成虫触角 OR88a 基因表达量相比，中午 13:00 时雄成虫触角 *OR88a* 表达量显著降低（$t = 18.57$; $df = 2$; $P < 0.0001$），与橘小实蝇对 ME 的趋性大小呈正相关关系（图 3.15F）。值得注意的是，傍晚 17:00 时雄成虫触角基因 *OR63a-1* 和 *OR88a* 的表达量均显著增加（图 3.15E、F）。

3.3.10 爪蟾卵母细胞系统研究 *OR63a-1*、*OR88a* 分子功能

为了进一步验证 *OR88a* 与 *OR63a-1* 基因在橘小实蝇雄成虫识别 ME 过程中的分子功能，本书作者分别将 *OR88a*、*OR63a-1* 与 *Orco* 基因在爪蟾卵母细胞中进行共表达，利用双电极电压钳记录系统分别记录共表达 *OR88a*/*Orco* 和 *OR63a-1*/*Orco* 的卵母细胞对 ME 刺激的反应。结果显示，对照组注射水的卵母细胞对 ME 和 MO 刺激均无反应（图 3.16A）；共表达 *OR63a-1*/*Orco* 的卵母细胞对 MO 刺激无反应，只对高浓度的 ME（1×10^{-3}mol/L）刺激时，产生了大小约为 30nA 的电流反应（图 3.16B）；相比之下，共表达 *OR88a*/*Orco* 的卵母细胞对不同浓度的 ME 刺激有强烈的反应，当最低浓度 ME（1×10^{-8}mol/L）刺激时仍能检测到电流值，但对不同浓度的 MO 刺激没有反应（图 3.16C）。此外，共表达 *OR88a*/*Orco* 的卵母细胞对 ME 的反应强度呈现出明显的剂量效应。随后测定了共表达 *OR88a*/*Orco* 的卵母细胞对不同浓度 ME 的剂量反应曲线，其 EC_{50} 值为 2.83×10^{-5}mol/L（图 3.16D）。因此，推测 *OR88a* 在

橘小实蝇识别、定位ME过程中其重要作用。

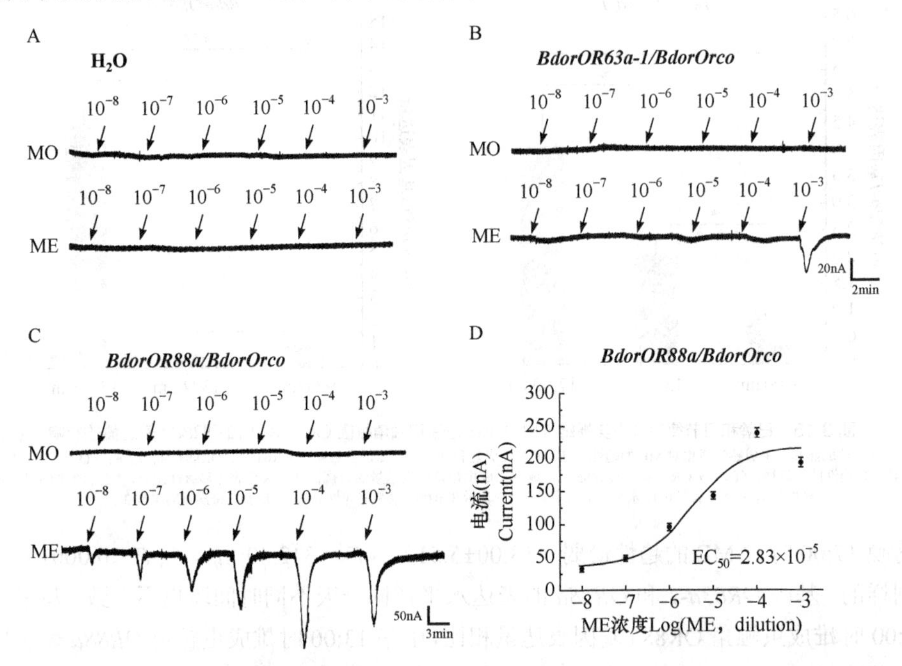

图3.16 共表达 *OR88a*/*Orco*和 *OR63a-1*/*Orco*的爪蟾卵母细胞对ME和MO的反应

注：（A）注射对的爪蟾卵母细胞对ME和MO没有反应；（B）共表达*OR63a-1*/*Orco*的卵母细胞仅对10^{-3}mol/L的ME刺激有轻微的反应；（C）不同浓度ME对共表达*OR88a*/*Orco*的卵母细胞产生的反应；（D）共表达*OR88a*/*Orco*的卵母细胞对于不同浓度ME（1.0×10^{-8}～1.0×10^{-3}mol/L）的反应曲线（误差线表示标准误，n=8），其EC_{50}值为2.83×10^{-5}mol/L，Origin 9.0拟合曲线。

3.3.11 *OR88a*调控橘小实蝇雄成虫对ME的趋性行为

为了明确*OR63a-1*和*OR88a*在橘小实蝇性成熟雄成虫识别ME过程中的分子功能，本书作者利用RNAi沉默靶标嗅觉基因，检测了橘小实蝇性成熟雄成虫对ME趋性的变化。试验结果如下：显微注射*dsOR63a-1*、*dsOR88a*和dsGFP对橘小实蝇雄成虫死亡率有明显的影响，处理24h后，dsOR63a-1、dsOR88a和dsGFP处理组雄成虫死亡率分别为9.20%±0.49%, 7.60%±0.75%和8.40%±0.75%，处理48h后死亡率增加至15.20%±1.02%, 12.80%±1.36%和13.60%±0.75%，显著高于空白对照组24h的死亡率2.40%±0.75%（$F=16.83$; $df=3$; $P=0.0001$）和48h的死亡率3.6%±0.75%（F=24.56; $df=3$; $P<0.0001$）（图3.17A、D）。值得注意的是，*dsOR63a-1*、*dsOR88a*和*dsGFP*处理组之间雄成虫的死亡率并无显著差异，表明显微注射造成的物理伤害是导致橘小实蝇雄成虫存活率下降的主要原因。

qRT-PCR结果表明，注射橘小实蝇雄成虫*dsOR63a-1*、*dsOR88a 24h*和48h后，

触角 *OR63a-1* 和 *OR88a* 基因表达量显著下降（图 3.17B、E）。与注射 dsGFP 和空白对照组相比，注射 *dsOR63a-1* 处理 24h 后，*OR63a-1* 的表达量下降了约 33%（F=55.62; df = 2; P<0.0001），处理 48h 后，*OR63a-1* 的表达量下降了约 84%（F=154.08; df=2; P<0.0001）（图 3.17B）；同样的，与 *dsGFP* 和空白对照组相比，*dsOR88a* 处理 24h 和 48h 后，*OR88a* 基因表达量分别显著下降了约 40%（F=31.72; df = 2; P = 0.0002）和 70%（F=46.69; df=2; P<0.0001）（图 3.17E）。

相应地，本书作者检测了沉默橘小实蝇雄成虫 *OR63a-1* 和 *OR88a* 基因后对 ME 趋性能力的影响。结果发现，沉默基因 *OR88a* 显著降低了橘小实蝇性成熟雄成虫对 ME 的趋性，*dsOR88a* 处理 24h 后 73.60%±4.16%的雄成虫被 ME 诱捕，显著低于 dsGFP 对照组（89.38%±2.83%）和空白对照组（92.97%±3.06%）（F=53.37; df = 2; P<0.0001）；*dsOR88a* 处理 48h 后，橘小实蝇雄成虫对 ME 的趋性急剧下降至 58.80%±4.25%，显著低于 *dsGFP* 对照组（88.63%±3.13%）和空白对照组（90.71%±2.82%）（F=114.81; df = 2; P<0.0001）（图 3.17E）。但相比之下，沉默 *OR63a-1* 并未降低橘小实蝇雄成虫对 ME 的趋性能力。以上结果表明，气味受体 *OR88a* 在橘小实蝇性成熟雄成虫识别、定位 ME 过程中起着重要的作用。

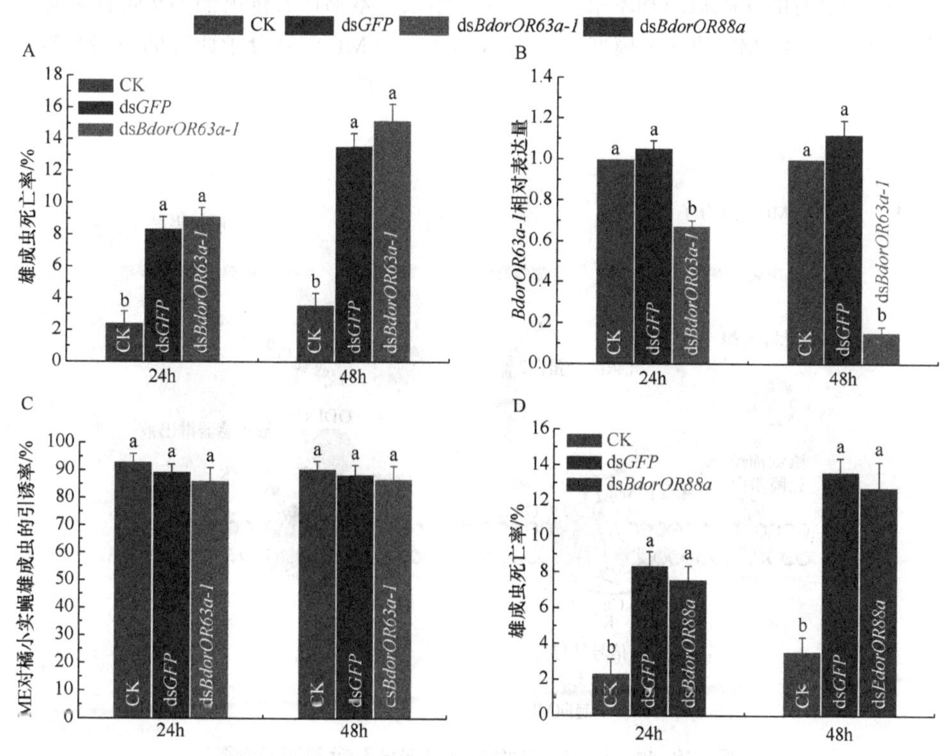

图 3.17

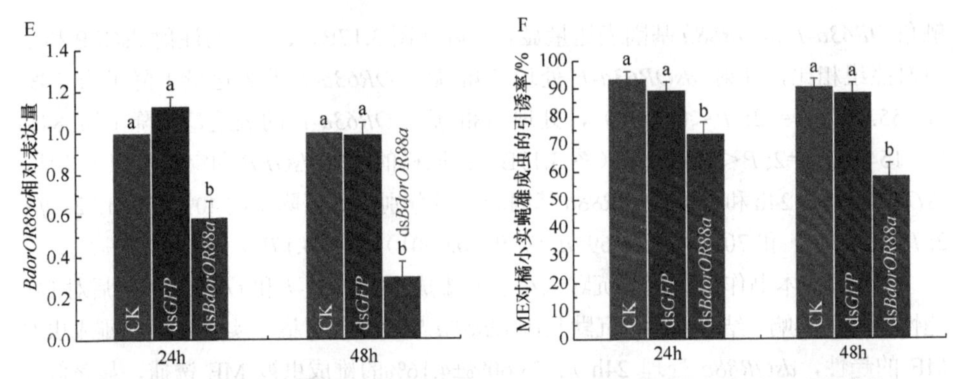

图 3.17 RNAi 处理后橘小实蝇雄成虫死亡率、*OR63a-1* 和 *OR88a* 表达量及对甲基丁香酚的趋性

注：（A，D）表示 *dsOR63a-1* 和 *dsOR88a* 处理 24h 和 48h 后橘小实蝇成虫的死亡率，注射等量的 *dsGFP* 的橘小实蝇为常规对照组，正常饲养的橘小实蝇为空白对照组。（B、E）表示 *dsOR63a-1* 和 *dsOR88a* 处理 24h 和 48h 后 *OR63a-1* 和 *OR88a* 的沉默效率。（C、F）表示 *dsOR63a-1* 和 *dsOR88a* 处理 24h 和 48h 后，甲基丁香酚对橘小实蝇的引诱率。柱上字母不同者表示在 0.05 水平差异性显著（邓肯氏新复极差法，$P<0.05$）。每次试验重复 5 次。

3.3.12 橘小实蝇雄成虫识别、转导 ME 的分子模型

综合已有的文献报道和本书作者的研究结果，本书作者推测橘小实蝇性成熟雄成虫识别、定位 ME 的分子模型如图 3.18 所示：当 ME 气味分子通过橘小实蝇雄成

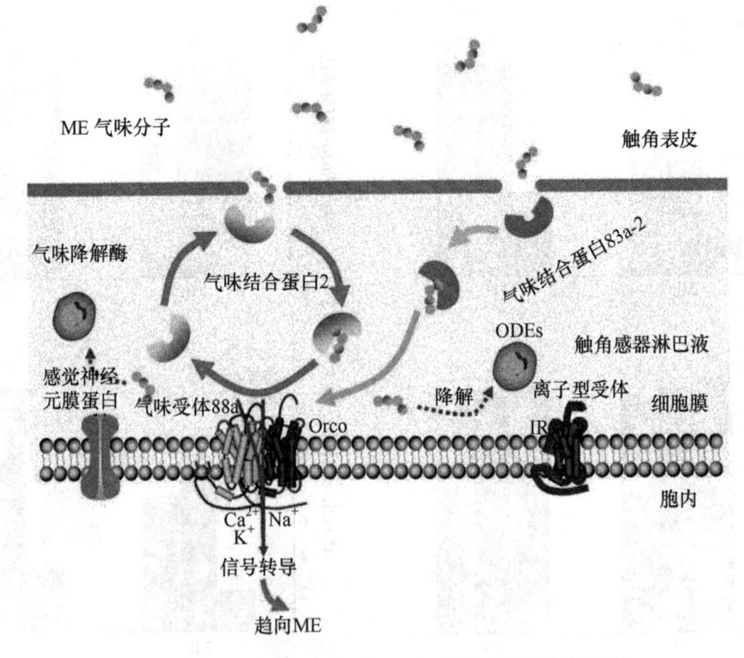

图 3.18 橘小实蝇雄成虫触角内 ME 气味分子转运的分子示意图

虫触角上的感觉小孔扩散进入触角后，气味结合蛋白（OBP2 或 OBP83a-2）迅速与 ME 结合，形成复合体通过淋巴液到达气味受体 OR88a，然后激活 OR88a/Orco 异源二聚体产生动作电位，最终信号转导进入实蝇大脑并产生趋向 ME 的行为反应；激活 OR88a/Orco 异源二聚体后，ME 气味分子被气味降解酶 ODEs 降解。

3.4 OR88a 调控橘小实蝇雄成虫对 ME 的趋性行为

新一代高通量测序是核酸测序研究的一次革命性技术创新，该技术以极低的单碱基测序成本和超高的数据产出量为特征，为基因组学和后基因组学研究带来了新的科研方法和解决方案，尤其适合用于无参考基因组的非模式物种基因表达图谱的构建和挖掘功能基因的有效捷径（宋月芹等, 2017）。转录组测序能够全面、快速地获取昆虫嗅觉器官中几乎所有的转录本，并能反映出相关嗅觉基因的表达水平。在本研究中，本书作者利用二代测序技术对 ME 处理和 MO 处理的橘小实蝇雄成虫触角进行测序，为了提高数据的准确性，本书作者对每个处理提供了 3 个生物学重复样本，最后通过测序平台获得橘小实蝇 ME 处理组和 MO 处理组共 6 个样本的转录组数据，尽管目前仍缺乏橘小实蝇的基因组信息，通过 Trinity 组装、GO 注释、KEGG 分析，共成功获得 19933 个注释基因，其中有 4433 个基因显著差异性表达，进一步对嗅觉通路相关的差异表达基因进行深入分析，研究结果在转录组水平为揭示橘小实蝇雄成虫识别 ME 的分子机制奠定了基础。

为了获得准确的 qRT-PCR 结果，本书作者重新获得了 ME 和 MO 处理后的橘小实蝇雄成虫触角 6 个生物学重复样本，然后利用 qRT-PCR 技术验证了 RNA-Seq 结果的准确性和可靠性。综合 RNA-Seq 和 qRT-PCR 结果，本书作者筛选出两个可能与 ME 识别过程相关的气味受体 *OR88a* 和 *OR63a-1*，通过与其他双翅目昆虫气味受体构建的系统发育树分析结果显示，*OR88a* 与 *OR63a-1* 亲缘关系较远，*OR88a* 与黑腹果蝇的性信息素受体 *DmelOR88a* 亲缘关系最近，聚为一支，且 *OR88a* 在橘小实蝇性成熟雄成虫求偶交配时表达量最高。

随着昆虫气味受体不断地被鉴定出来，其在气味识别中的功能成为研究的焦点。目前常用的方法是将气味受体在爪蟾卵母细胞中进行体外表达，再通过双电极电压钳技术记录卵母细胞在不同气味物质刺激后的电生理反应，依此来确定气味受体的功能（Nakagawa *et al*., 2005; Ditzen *et al*., 2008; Xu *et al*., 2014; 刘一鹏等, 2015; Li *et al*., 2017; Liu *et al*. 2017a; Wicher *et al*., 2017）。目前，这种技术已成功应用于果蝇、小菜蛾、斜纹夜蛾、棉铃虫、家蚕等多种昆虫气味受体功能的相关研究（Wetzel *et al*., 2001; Nakagawa *et al*., 2005; Ditzen *et al*., 2008; Liu *et al*., 2013; Sun *et al*., 2013; Zhang *et al*., 2013; Xu *et al*., 2014; Li *et al*., 2017; Liu *et al*. 2017a; Wicher *et al*., 2017）。本书作者在爪蟾卵母细胞中分别将 *OR63a-1*、*OR88a* 与 *Orco* 进行共表达，用双电极电压钳记录系统记录 ME 刺激后的反应，结果发现共表达 *OR63a-1*/*Orco* 的爪蟾卵母细胞对 ME 刺激反应不明显；相反，共表达 *OR88a*/*Orco* 的卵母细胞对 ME 刺激的反应强烈，呈现出明显的剂量效应。

随后，通过雄成虫腹部显微注射 dsRNA，24h 和 48h 后 *OR88a* 和 *OR63a-1* 表达量均显著下降，但只有沉默基因 *OR88a* 显著降低了橘小实蝇性成熟雄成虫对 ME 的趋向性。根据本书作者的研究结果和已有的研究报道，本书作者初步推测 ME 通过激活气味结合蛋白（*OBP2*、*OBP83a-2*）和气味受体 *OR88a* 调控橘小实蝇性成熟雄成虫的趋性行为。

参考文献

刘一鹏, 刘杨, 杨婷, 等. 小菜蛾普通气味受体基因 PxylOR9 的鉴定及功能研究[J]. 昆虫学报, 2015, 58(5): 507-515.

宋月芹, 董钧锋, 陈庆霄, 等. 点蜂缘蝽触角转录组及化学感受相关基因的分析[J]. 昆虫学报, 2017, 60(10): 1120-1128.

Anders S, Huber W. Differential expression analysis for sequence count data[J]. Genome Biology, 2010, 11(10): 106.

Ashburner M, Ball C A, Blake J A, *et al*. Gene Ontology: tool for the unification of biology[J]. Nature Genetics, 2000, 25(1): 25.

Cattaneo A M, Gonzalez F, Bengtsson J M, *et al*. Candidate pheromone receptors of codling moth *Cydia pomonella* respond to pheromones and kairomones[J]. Scientific Reports, 2017, 7: 41105.

Clarke A R, Armstrong K F, Carmichael A E, *et al*. Invasive phytophagous pests arising through a recent tropical evolutionary radiation: the *Bactrocera dorsalis* complex of fruit flies[J]. Annual Review of Entomology, 2005, 50: 293-319.

Conesa A, Götz S, Garcíagómez J M, *et al*. Blast2GO: a universal tool for annotation, visualization and analysis in functional genomics research[J]. Bioinformatics, 2005, 21(18): 3674-3676.

Di C, Ning C, Huang L Q, *et al*. Design of larval chemical attractants based on odorant response spectra of olfactory receptors in the cotton bollworm[J]. Insect Biochemistry and Molecular Biology, 2017, 84: 48-62.

Ditzen M, Pellegrino M, Vosshall L B. Insect odorant receptors are molecular targets of the insect repellent DEET[J]. Science, 2008, 319(5871): 1838-1842.

Dong Y C, Wang Z J, Chen Z Z, *et al*. *Bactrocera dorsalis* male sterilization by targeted RNA interference of spermatogenesis: empowering sterile insect technique programs[J]. Scientific Reports, 2016, 6: 35750.

Fleischer J, Pregitzer P, Breer H, *et al*. Access to the odor world: olfactory receptors and their role for signal transduction in insects[J]. Cellular and Molecular Life Sciences, 2017, 75(5): 485-508.

Grabherr M G, Haas B J, Yassour M, *et al.* Full-length transcriptome assembly from RNA-Seq data without a reference genome[J]. Nature Biotechnology, 2011, 29(7): 644-652.

Hallem E A, Carlson J R. Coding of odors by a receptor repertoire[J]. Cell, 2006, 125(1): 143-160.

Hou Q L, Chen E H, Jiang H B, *et al.* Adipokinetic hormone receptor gene identification and its role in triacylglycerol mobilization and sexual behavior in the oriental fruit fly (*Bactrocera dorsalis*)[J]. Insect Biochemistry and Molecular Biology, 2017, 90: 1-13.

Jang E B, Khrimian A, Siderhurst M S. Di- and tri-fluorinated analogs of methyl eugenol: attraction to and metabolism in the Oriental fruit fly, *Bactrocera dorsalis* (Hendel)[J]. Journal of Chemical Ecology, 2011, 37(6): 553-564.

Jayanthi P D K, Woodcock C M, Caulfield J, *et al.* Isolation and identification of host cues from mango, *Mangifera indica*, that attract gravid female oriental fruit fly, *Bactrocera dorsalis*[J]. Journal of Chemical Ecology, 2012, 38(4): 361-369.

Karunaratne M M S C, Karunaratne U K P R. Factors influencing the responsiveness of male oriental fruit fly, Bactrocera dorsalis, to methyl eugenol (3, 4 dimethoxyalyl benzene)[J]. Tropical Agricultural Research & Extension, 2012, 15(4): 92-97.

Khrimian A, DeMilo A B, Waters R M, *et al.* Monofluoro analogs of eugenol methyl ether as novel attractants for the oriental fruit fly[J]. The Journal of Organic Chemistry, 1994, 59(26): 8034-8039.

Khrimian A, Jang E B, Nagata J, *et al.* Consumption and metabolism of 1, 2-dimethoxy-4-(3-fluoro-2-propenyl) benzene, a fluorine analog of methyl eugenol, in the Oriental fruit fly *Bactrocera dorsalis* (Hendel)[J]. Journal of Chemical Ecology, 2006, 32(7): 1513-1526.

Khrimian A, Siderhurst M S, Mcquate G T, *et al.* Ring-fluorinated analog of methyl eugenol: attractiveness to and metabolism in the Oriental fruit fly, *Bactrocera dorsalis* (Hendel)[J]. Journal of Chemical Ecology, 2009, 35(2):209-18.

Leal W S. Odorant reception in insects: roles of receptors, binding proteins, and degrading enzymes[J]. Annual Review of Entomology, 2013, 58(1):373.

Li B, Dewey C N. RSEM: accurate transcript quantification from RNA-Seq data with or without a reference genome[J]. BMC Bioinformatics, 2011, 12(1): 323.

Li Z Q, Luo Z X, Cai X M, *et al.* Chemosensory Gene Families in Ectropis grisescens and Candidates for Detection of Type-II Sex Pheromones[J]. Frontiers in Physiology, 2017, 8.

Liu F, Xia X, Liu N. Molecular basis of N, N-Diethyl-3-Methylbenzamide (DEET) in repelling the common Bed Bug, *Cimex lectularius*[J]. Frontiers in Physiology, 2017a, 8: 953.

Liu G, Wu Q, Li J, *et al.* RNAi-Mediated Knock-Down of transformer and transformer 2 to Generate Male-Only Progeny in the Oriental Fruit Fly, *Bactrocera dorsalis* (Hendel)[J]. Plos One, 2015, 10(6): e0128892.

Liu L J, Martinez-Sañudo I, Mazzon L, *et al.* Bacterial communities associated with invasive populations of *Bactrocera dorsalis* (Diptera: Tephritidae) in China[J]. Bulletin of Entomological Research, 2016a, 106(6): 718-728.

Liu Y, Liu C C, Lin K J, *et al.* Functional specificity of sex pheromone receptors in the cotton bollworm *Helicoverpa armigera*[J]. Plos One, 2013, 8(4): e62094.

Missbach C, Dweck H K, Vogel H, *et al.* Evolution of insect olfactory receptors[J]. Elife, 2014, 3(229): e02115.

Mitchell R F, Hall L P, Reagel P F, *et al.* Odorant receptors and antennal lobe morphology offer a new approach to understanding olfaction in the Asian longhorned beetle[J]. Journal of Comparative Physiology A, 2017, 203(2): 1-11.

Mitsuno H, Sakurai T, Murai M, *et al.* Identification of receptors of main sex pheromone components of three Lepidopteran species[J]. European Journal of Neuroscience, 2008, 28(5): 893-902.

Mortazavi A, Williams B A, Mccue K, *et al.* Mapping and quantifying mammalian transcriptomes by RNA-Seq[J]. Nature Methods, 2008, 5(7): 621-628.

Nakagawa T, Sakurai T, Nishioka T, *et al.* Insect sex-pheromone signals mediated by specific combinations of olfactory receptors[J]. Science, 2005, 307(5715): 1638-1642.

Pertea G, Huang X, Liang F, *et al.* TIGR Gene Indices clustering tools (TGICL): a software system for fast clustering of large EST datasets[J]. Bioinformatics, 2003, 19(5): 651-652.

Sakurai T, Mitsuno H, Haupt S S, *et al.* A single sex pheromone receptor determines chemical response specificity of sexual behavior in the silkmoth *Bombyx mori*[J]. Plos Genetics, 2011, 7(6): e1002115.

Shen G M, Wang X N, Dou W, *et al.* Biochemical and molecular characterisation of acetylcholinesterase in four field populations of *Bactrocera dorsalis* (Hendel)(Diptera: Tephritidae)[J]. Pest Management Science, 2012, 68(12): 1553-1563.

Shelly T E. Zingerone and the mating success and field attraction of male melon flies (Diptera: Tephritidae)[J]. Journal of Asia-Pacific Entomology, 2016, 20(1):175-178.

Smith R L, Adams T B, Doull J, *et al.* Safety assessment of allylalkoxybenzene derivatives used as flavouring substances—methyl eugenol and estragole[J]. Food and Chemical Toxicology, 2002, 40(7): 851-870.

Siderhurst M S, Jang E B. Female-biased attraction of Oriental fruit fly, *Bactrocera dorsalis* (Hendel), to a blend of host fruit volatiles from *Terminalia catappa* L[J]. Journal of Chemical Ecology, 2006, 32(11):2513-2524.

Stephens A E A, Kriticos D J, Leriche A. The current and future potential geographical distribution of the oriental fruit fly, *Bactrocera dorsalis* (Diptera: Tephritidae)[J]. Bulletin of Entomological Research, 2007, 97(4): 369-378.

Sun M, Liu Y, Walker W B, *et al.* Identification and characterization of pheromone receptors and interplay between receptors and pheromone binding proteins in the diamondback moth, *Plutella xyllostella*[J]. Plos One, 2013, 8(4): e62098.

Vargas R I, Prokopy R. Attraction and feeding responses of melon flies and oriental fruit flies (Diptera: Tephritidae) to various protein baits with and without toxicants[J]. Hawaiian Entomological Society, 2006, 38: 49-60.

Wang Y L, Chen Q, Guo J Q, *et al.* Molecular basis of peripheral olfactory sensing during oviposition in the behavior of the parasitic wasp *Anastatus japonicas*[J]. Insect Biochemistry and Molecular Biology, 2017, 89: 58-70.

Wetzel C H, Behrendt H J, Gisselmann G, *et al.* Functional expression and characterization of a *Drosophila* odorant receptor in a heterologous cell system[J]. Proceedings of the National Academy of Sciences of the United States of America, 2001, 98(16): 9377-9380.

Wicher D, Morinaga S, Halty-Deleon L, *et al.* Identification and characterization of the bombykal receptor in the hawkmoth *Manduca sexta*[J]. Journal of Experimental Biology, 2017, 220(10): 1781-1786.

Wu Z, Lin J, Zhang H, *et al.* *BdorOBP83a-2* mediates responses of the oriental fruit fly to semiochemicals[J]. Frontiers in physiology, 2016, 7: 452.

Wu Z, Zhang H, Wang Z, *et al*. Discovery of chemosensory genes in the Oriental fruit fly, *Bactrocera dorsalis*[J]. Plos One, 2015, 10(6):e0129794.

Xu P, Choo Y M, De L R A, *et al*. Mosquito odorant receptor for DEET and methyl jasmonate[J]. Proceedings of the National Academy of Sciences of the United States of America, 2014, 111(46): 16592-16597.

Zhang G N, Wang J J. Electrophysiological responses of the oriental fruit fly, *Bactrocera dorsalis* to host-plant related volatiles[J]. Journal of Environmental Entomology, 2016, 38(1): 126-131.

Zhang J, Liu C C, Yan S W, *et al*. An odorant receptor from the common cutworm (*Spodoptera litura*) exclusively tuned to the important plant volatile cis-3-Hexenyl acetate[J]. Insect Molecular Biology, 2013, 22(4): 424-432.

Zheng W W, Peng W, Zhu C P, *et al*. Identification and expression profile analysis of odorant binding proteins in the oriental fruit fly *Bactrocera dorsalis*[J]. International Journal of Molecular Sciences, 2013, 14(7): 14936-14949.

Zheng W W, Zhu C P, Peng T, *et al*. Odorant receptor co-receptor Orco is upregulated by methyl eugenol in male *Bactrocera dorsalis* (Diptera: Tephritidae)[J]. Journal of Insect Physiology, 2012, 58(8): 1122-1127.

第4章
结论与讨论、创新点与展望

4.1 结论

（1）经过室内人为汰选，可以显著增加对ME无趋性雄成虫的比例，且无趋性雄成虫的比例维持在一个稳定的水平（28.0%～29.3%），但无法得到对ME完全没有趋性的橘小实蝇稳定遗传品系。

（2）利用iTRAQ定量蛋白组学技术成功地从橘小实蝇雄成虫触角分离、鉴定出4622个蛋白质，并对鉴定到的蛋白质在有趋性和无趋性雄成虫触角中的表达量进行了比较，共得到277个显著差异表达蛋白，且利用qRT-PCR在mRNA水平验证了iTRAQ结果的准确性和可靠性。同时，根据iTRAQ和qRT-PCR结果，筛选出4个气味结合蛋白（OBP2、OBP50c、OB56D-1和OB56D-2）作为靶标基因进行下一步的研究。

（3）15日龄性成熟雄成虫对ME的趋性远高于3日龄性未成熟雄成虫，同样的，OBP2、OBP50c、OB56D-1和OB56D-2基因在15日龄性成熟雄成虫触角中的表达量也显著高于在3日龄性未成熟雄成虫触角中的表达量。

（4）ME刺激可以显著诱导雄成虫触角OBP2、OB56D-1和OB56D-2的表达量上调，但对OBP50c的表达量无影响。

（5）RNAi沉默OBP2显著降低了橘小实蝇性成熟雄成虫对ME的趋性能力。

（6）利用RNA-Seq成功鉴定出两个可能与ME识别过程相关的气味受体OR88a和OR63a-1，其中OR88a与黑腹果蝇的性信息素受体*DmelOR88a*亲缘关系最近。

（7）同一天中，橘小实蝇性成熟雄成虫（10d）对ME的趋性能力早上（9:00am）最强，其次是中午（13:00pm），傍晚（17:00pm）最弱；OR63a-1在雄成虫触角的日节律表达量趋势刚好相反；早上（9:00am）OR88a在雄成虫触角中的表达量显著高于中午（13:00pm）时，但傍晚（17:00pm）时OR88a表达量显著上升。

（8）共表达OR63a-1/Orco的爪蟾卵母细胞对ME刺激反应不明显；相反，共表达OR88a/Orco的卵母细胞对ME刺激的反应强度呈现出明显的剂量效应。

（9）沉默基因OR88a明显降低了橘小实蝇性成熟雄成虫对ME的趋向性。

（10）ME通过激活气味结合蛋白（OBP2、OBP83a-2）和气味受体OR88a调控橘小实蝇性成熟雄成虫的趋性行为。

4.2 讨论

4.2.1 *OBP2* 参与橘小实蝇雄成虫识别 ME 的分子过程

橘小实蝇是一种与农业经济相关的世界性重要害虫，其性成熟的雄成虫对 ME 有强烈的趋性。在过去的几十年里，大量的研究都集中在影响 ME 诱捕橘小实蝇雄成虫的环境因素，以及 ME 被取食后的代谢途径或代谢产物（Smith *et al*., 2002; Shelly *et al*., 2010; Jayanthi *et al*., 2012; Karunaratne and Karunaratne, 2012）。但迄今为止，ME 引诱橘小实蝇雄成虫的分子机理尚不清楚。昆虫触角中含有特异性高表达的 OBPs、CSPs、ORs、IRs、SNMPs、ODEs 等与嗅觉识别相关的蛋白，这些蛋白在害虫感知外界气味分子的过程中发挥着重要作用。在本研究中，本书作者通过 iTRAQ 相对和绝对定量同位素标记技术分析、鉴定了对 ME 有趋性和无趋性雄成虫触角的差异蛋白质组学，并对嗅觉相关的蛋白进行了深入研究，发现气味结合蛋白 OBP2 在有趋性的雄成虫触角中大量表达，且 ME 能显著诱导 OBP2 基因的表达量上调，利用 RNAi 技术沉默 OBP2 基因显著降低了橘小实蝇雄成虫对 ME 的趋性能力。综上，本书作者的研究结果表明了 OBP2 在调控橘小实蝇雄成虫对 ME 的趋性行为中起着重要的作用，进一步丰富和加深了本书作者对橘小实蝇性成熟雄成虫识别 ME 分子机制的认识和理解。

同一天中，橘小实蝇雄成虫在不同的时间段对 ME 的趋性是不同的，早上雄成虫对 ME 的趋性最强，其次是中午时分，傍晚时最弱，橘小实蝇雄成虫对 ME 趋性能力的波动规律与其每日交配行为习性刚好相反（Karunaratne and Karunaratne, 2012）。因此，为了确保试验结果的一致性和准确性，本书作者均在早上 9:00-11:00 这个时间段进行相关行为学试验。通过室内汰选至第 6 世代，本书作者发现对橘小实蝇子代中对 ME 无趋性雄成虫的比例显著提高，但最高比例稳定维持在 28%左右，人为汰选不会导致橘小实蝇雄成虫对 ME 的趋性完全丧失，这与 Shelly（1997）和郭庆亮等（2010）的研究结论相同，这可能是由于表观遗传导致的个体差异如嗅觉生理缺陷造成的。此外，Zheng *et al.*（2012）室内研究发现 ME 对小部分橘小实蝇雄成虫的诱捕效率很低，引诱处理 24h 后仍有 10%左右的雄成虫未能被诱捕。

尽管橘小实蝇的基因组数据库和蛋白质组数据信息库并不完整，但本书作者通过 iTRAQ 技术分析有趋性和无趋性橘小实蝇雄成虫触角蛋白质组学，成功鉴定出 277 个差异表达蛋白。GO 注释与 KEGG 通路分析，发现这些差异蛋白主要参与嗅觉转导、氨基酸代谢、基础转录因子、MAPK 信号通路、PI3K-Akt 信号通路、细胞内吞作用、磷脂酰肌醇信号系统、cGMP-PKG 信号通路、钙信号通路和 PPAR 信号通路。3'，5'-环核苷酸磷酸二酯酶 1C（3',5'-cyclic nucleotide phosphodiesterase 1C）在平衡细胞内 Ca^{2+}/CaM 和 cGMP 信号通路中起关键作用（Miller *et al*., 2009），该蛋白在有趋性的雄成虫触角中高表达，本书作者初步推测该蛋白可能参与橘小实蝇雄成虫识别 ME 的过程，但其分子功能尚不清楚。此外，4 个气味结合蛋白（OBP2、OBP44a、OBP69a、OBA5）和 1 个气味受体（OR94b）在有趋性和无趋性雄成虫触角中表达量差异显著，但只有 OBP2 在有趋性的雄成虫触角中高表达。qRT-PCR 分析 OBP2 在 mRNA 水平的表达量结果与 iTRAQ 鉴定结果保持一致，表明 OBP2 在性成熟雄成虫感知 ME 的过程中具有重要的意义。然而，另外两个气味结合蛋白（OB19A 和 PBP4）中 mRNA 和蛋白水平表达模式的差异性，可能是由于翻译后修饰作用或其他调控因子造成的（Feng *et al*., 2011; Vogel and Marcotte, 2012; Zhang *et al*., 2015b）。

本书作者还发现，ME 对橘小实蝇未性成熟的雄成虫的引诱力较弱，但对性成熟的雄成虫（15d 日龄）有很强的诱捕作用，这与前人的研究结果相同（Karunaratne and Karunaratne, 2012）。同时，本书作者发现 OBP2 在性成熟的雄成虫触角中表达量最高，与 Zheng *et al*.（2013）研究结果保持一致。此外，ME 仅处理 1h 后就显著诱导性成熟雄成虫触角中 OBP2 的表达量上调，表明 OBP2 基因表达量的上调与 ME 引诱雄成虫的过程密切相关。

昆虫 OBPs 识别和结合外界气味分子是昆虫感受外界气味分子的第一步生化反应，对昆虫与外界进行信息交流具有重要意义。研究表明，普通气味结合蛋白 2（GOBP2）在不同种昆虫之间有一段高度保守的序列，并且 GOBP2 与昆虫的信息素组分有较高的结合能力（Zhou *et al*., 2009a; He *et al*., 2010; Yin *et al*., 2012）。烟草天蛾 *Manduca sexta* GOBP2 对信息素类似物（6E, 11Z）-hexadecadienyl diazoacetate 有很强的亲和性（Feng and Prestwich, 1997）。二化螟 *Chilo suppressalis* （Walker）的 GOBP2 能专一性识别其信息素主要成分 11Z-hexadecenal（Gong *et al*., 2009）。家蚕 *Bombyx mori* 成虫 GOBP2 与其性信息素成分（10E, 12Z）-hexadecadien-1-ol 有较强的结合能力（He *et al*., 2010）。草地螟 *Loxostege sticticalis* Pyralidae 性信息素成分 *trans*-11-tetradecen-1-yl acetate 与 GOBP2 有较强的结合亲和性（Yin *et al*., 2012）。Rebijith *et al*.（2016）研究发现沉默棉蚜 *Aphis gossypii* Glover 的 OBP2 基因，可显著削弱棉蚜寻找、定位寄主植物和产卵引诱物的能力，因此认为 OBP2 可作为防治半翅目害虫潜在的分子靶标（Rebijith *et al*., 2016）。在本研究中，通过注释 dsRNA 沉默橘小实蝇 *OBP2* 基因显著降低了 ME 对雄成虫的引诱活性，进而表明橘小实蝇雄成虫通过 OBP2 识别、定位 ME 气味分子，调控其对 ME 的趋性行为。另外，显微注射 dsRNA 会降低橘小实蝇雄成虫的存活率，可能是由于显微注射造成的物理性伤害导致雄成虫死亡。

嗅觉共同受体（Odorant receptor co-receptor，Orco）是一种广泛表达的非典型气味受体，在不同的昆虫种类中 Orco 是高度保守的，Orco 几乎在所有的嗅觉神经元中都有表达，但不单独对气味分子起识别作用，在嗅觉感觉神经元的内膜系统中与特异的气味受体 OR 共同表达形成 Orco/OR 异源二聚体，Orco 具有增强气味受体对气味的敏感性和促进感觉神经元中气味信息信号转导的作用（Benton *et al*, 2006; Patch *et al*., 2009; Vosshall and Hansson, 2011）。在此异源二聚体中，Orco 对 OR 的稳定性、分布及蛋白质正确折叠起着关键性的作用，协助 OR 特异性识别气味分子（Stengl and Funk, 2013）。此外，Orco 也作为一种选择性离子通道，参与识别醛、酮、酯和芳烃等挥发性化合物（Larsson *et al*., 2004; Stengl and Funk, 2013）。ME 处理后，橘小实蝇 Orco 基因表达量显著上调，Orco 参与调节橘小实蝇雄成虫对 ME 的趋性行为（Zheng *et al*., 2012）。此外，通过显微注射 dsRNA 沉默橘小实蝇气味结合蛋白 OBP83a-2 基因，发现 OBP83a-2 也参与到雄成虫识别 ME 的过程中（Wu *et al*., 2016）。通过构建系统进化树发现，OBP2 与 OBP83a-2 并不聚在一支，同源性较低。昆虫特定的行为反应并非由单基因控制，众所周知，昆虫的嗅觉反应系统是非常复杂的，由多种嗅觉相关的蛋白质和效应分子相互作用构成，可以精确地将外界环境中的化学信息素信息转化为嗅觉电生理信号，最终产生相应的行为反应（Hallem and Carlson, 2006）。综合本研究结果与已有的文献报道，本书作者初步推测 ME 分子首先被橘小实蝇雄成虫气味结合蛋白（OBP2 或 OBP83a-2）结合，然后转运到嗅觉神经元树突膜上，然后激活由 Orco 和某种特殊的 OR 形成的异源二聚体，最终产生趋向反应行为。

当气味受体 ORs 被气味分子激活后，在嗅觉神经元中形成特异的电生理反应（Benton *et al*., 2006; Hallem and Carlson, 2006）。但在本研究中，本书作者并没有鉴定到在有趋性的雄成虫触角中显著高表达的 ORs，初步推测可能是因为没有 ME 直接刺激雄成虫，没有诱导激活 ORs 基因的表达量上调，因此，参与识别 ME 的 ORs 需要进一步研究。此外，由于本书作者缺乏橘小实蝇的基因组信息，许多蛋白质特别是与嗅觉识别过程相关的蛋白质还不能被鉴定、注释出来，以及它们的分子功能仍然知之甚少。但是，随着橘小实蝇基因组测序的逐渐完成和数据库信息的完善，ME 引诱性成熟雄成虫的分子机制将会越来越清晰。

4.2.2 *OR88a* 调控橘小实蝇性成熟雄成虫对 ME 的趋性行为

由于类性信息素 ME 对橘小实蝇性成熟雄成虫有很强的引诱活性，在全世界范围内被作为性诱剂广泛用于监测和防控野外橘小实蝇种群数量（Jayanthi *et al*., 2012; Shelly *et al*., 2010; Smith *et al*., 2002）。但是，迄今为止仍然无法清晰地阐明ME引诱雄成虫的分子机理。在本研究中，根据RNA-Seq和qRT-PCR的结果，本书作者发现ME诱导刺激后，两种气味受体（OR63a-1和OR88a）在性成熟雄成虫触角中大量表达；随后本书作者通过爪蟾卵母细胞表达系统和双电极电压钳技术研究了OR63a-1和OR88a的分子功能，结果发现共表达OR63a-1/Orco的爪蟾卵母细胞对ME刺激反应不明显，而共表达OR88a/Orco的卵母细胞对ME刺激的反应强度呈现出明显的剂量效应；RNAi沉默OR63a-1并未降低橘小实蝇雄成虫对ME的趋性能力，但沉默基因OR88a显著降低了橘小实蝇性成熟雄成虫对ME的趋向性。因此，本书作者推测OR88a参与橘小实蝇性成熟雄成虫识别ME的过程，该研究结果进一步阐明了ME引诱橘小实蝇性成熟雄成虫的分子机理。

尽管目前仍缺乏橘小实蝇的基因组信息，通过对ME和MO处理的橘小实蝇雄成虫触角分析RNA-Seq分析，共4433个差异表达基因被成功鉴定出来，这些差异表达基因主要参与药物分解代谢、外源物质细胞色素P450代谢、磷脂酰肌醇信号传导系统、mTOR信号通路、Hippo信号转导通路、神经活性配体-受体相互作用系统、溶酶体和细胞内吞作用等。此外，3个气味结合蛋白OBPs（OBP2、OBP5、OBP57c），2个气味受体ORs（OR88a、OR63a-1），1个离子型受体IR（IR92a）和1个感觉神经元膜蛋白（SNMP1-1）等嗅觉基因在ME处理的雄成虫触角中高表达。qRT-PCR验证结果与RNA-Seq结果保持一致。OR88a和OR63a-1基因在ME诱导处理后表达量显著上调，初步推测这2个气味受体参与橘小实蝇识别ME的分子过程。

橘小实蝇雄成虫对ME的趋性与羽化日龄有密切的关系，本书作者发现性成熟（10日龄）雄成虫对ME的趋性远高于性未成熟（2日龄）雄成虫，与已报道的研究结果相似（Karunaratne and Karunaratne, 2012）。相应的，OR88a和OR63a-1基因均在性成熟雄成虫触角中高表达。ME作为雄成虫体内合成性信息素的前体物质，取食ME的雄成虫对雌成虫有更强的吸引力，交配竞争能力显著增强（Shelly *et al*., 2008, 2010; McInnis *et al*., 2011）。橘小实蝇雄成虫对ME趋性能力的波动规律与其每日交配行为习性刚好相反。已有的研究报道表明，同一天中，橘小实蝇性成熟雄成虫对ME的趋性能力是不断变化的，早上时趋性最强，其次是中午，傍晚时最弱（Ibrahim and Hashim, 1980; Tan *et al*., 1986; Karunaratne and Karunaratne, 2012），本书作者的研究结果也证实了这一点。此外，化学信息素对昆虫的引诱作用不仅取决于挥发物自身的化学性质，而且还取决于昆虫的生理状态（Anton *et al*., 2007; Gadenne *et al*., 2016）。一般而言，昆虫在求偶和交配时期，对性信息素的反应能力显著增强，而对寄主植物和产卵位置等气味的刺激反应下降。傍晚时分橘小实蝇性成熟雄成虫非常活跃，但对 ME 的趋性能力显著下降（Karunaratne and Karunaratne, 2012），本书作者推测傍晚时分橘小实蝇雄成虫主要通过其敏锐的嗅觉系统识别性信息素来寻找、定位雌成虫，暂时终止了对 ME 的趋性反应行为。

嗅觉可塑性（Olfactory plasticity）是昆虫适应环境和繁衍生息一种重要的进化策略（Gadenne *et al*., 2016）。目前，对小地老虎 *Agrotis ipsilon*、海灰翅夜蛾 *Spodoptera littoralis*、黑腹果蝇 *D. melanogaster*、冈比亚按蚊 *Anopheles gambiae*、地中海实蝇 *C. capitata* 和橘小实蝇等昆虫的嗅觉可塑性已进行了深入的研究（Jang, 1995; Zhou *et al*., 2009b; Barrozo *et al*., 2011; Deisig *et al*., 2012; Rund *et al*., 2013a, b; Kromann *et al*., 2015; Jin *et al*., 2017）。嗅觉可塑性确保昆虫能够根据其生理条件（如龄期、摄食状态、昼夜节律和交配状态）来协调它们对气味刺激的行为反应。更重要的是，昆虫嗅觉反应行为会随着日节律的变化而改变，这有助于昆虫在不同的时间段对气味物质刺激做出正确的行为反应（Gadenne *et al*., 2016）。研究表明，许多昆虫的嗅觉神经元和嗅觉敏感性往往受生物钟或昆虫内源节律所控制（Krishnan *et al*., 1999; Page and Koelling, 2003; Tanoue *et al*., 2004; Jin *et al*., 2017）。例如，果蝇触角中的生物钟基因具有调节其气味识别的节律性功能（Krishnan *et al*., 1999; Tanoue *et al*., 2004）；在冈比亚按蚊中，OBPs 基因的表达节律一定程度上由内源生物钟调控（Rund *et al*., 2013a, b）；对于交配后的橘小实蝇雌成虫，其化学感受受体基因的表达水平在一天中的不同时间段发生节奏性的波动（Jin *et al*., 2017）。在本研究中，本书作者发现在性成熟雄成虫触角中 OR63a-1 的表达量从早上到傍晚逐渐增加，而 OR88a 早上时表达量较高，中午时其表达量显著下降，但傍晚时其表达量急剧增加。发现、识别和定位配偶是求偶及交配成功的重要前提（Sayin *et al*., 2018），橘小实蝇的求偶交配行为仅发生在傍晚时分，而且此时 OR63a-1 和 OR88a 表达量均最高，因此本书作者推测 OR63a-1 和 OR88a 可能参与雄成虫识别雌成虫性信息素的分子过程。

对昆虫 OR 基因的系统发育树比较分析，可为分析 OR 家族基因的进化起源提供可靠的依据（Missbach *et al*., 2014; Koenig *et al*., 2015）。值得注意的是，本书作者通过构建系统发育树发现橘小实蝇 OR88a 与黑腹果蝇 OR88a 聚为一支，这意味着它们可能在嗅觉信号转导通路中发挥相同的分子功能。据研究报道，OR88a 参与果蝇对外界化学信息素识别的过程，OR88a 不仅调控黑腹果蝇对其雄成虫和雌成虫的生殖器官浸提液的行为反应（Van Naters and Carlson, 2007）；而且 OR88a 作为月桂酸甲酯（methyl laurate）、肉豆蔻酸甲酯（methyl myristate）和棕榈酸甲酯（methyl palmitate）等挥发性气味物质的嗅觉受体，调节黑腹果蝇的交配和引诱行为反应（Dweck *et al*., 2015）。通过同源比对和系统发育树分析，果蝇 OR88a 被认为是一种信息素受体（Pheromone receptor，PR）（Dweck *et al*., 2015; Fleischer *et al*., 2017）。因此，本书作者推测橘小实蝇性成熟雄成虫在傍晚时分利用 OR88a 识别雌成虫性信息素、寻找配偶，但需要进一步功能试验验证这一假设。

组合编码（Combinatorial coding），即单独的 OR 基因可以识别多种气味物质，或一种气味物质可以被多种 OR 基因协同检测，是昆虫嗅觉系统识别外源化学信息素的重要策略（Malnic *et al*., 1999; Hallem *et al*., 2004; Suh *et al*., 2014; Andersson *et al*., 2015; Fleischer *et al*., 2017）。在黑腹果蝇中，一系列特殊的 OR 基因协同识别同一种化学信息素，极大地提高了嗅觉系统的灵敏性（Leal, 2013）。在本研究中，本书作者发现沉默 OR88a 基因并未完全导致橘小实蝇雄成虫对 ME 的趋性能力丧失，因此本书作者推测还有其他气味受体基因参与 ME 的识别过程。然而，由于目前仍缺少橘小实蝇的基因组信息，许多和嗅觉行为识别相关的基因及其功能尚不清楚。在昆虫检测、识别气味物质的过程中，需要多种化学感受受体包括气味受体 ORs、离子型受体 IRs、味觉受体 GRs 和感觉神经元膜蛋白 SNMPs 等膜蛋白的协同作用（Benton *et al*., 2007, 2009; Jin *et al*., 2008; Suh *et al*., 2014）。IRs 作为一类新鉴定的受体基因，与 ORs 基因在不同的嗅觉神经元中表达，但在功能上与 ORs 基因互补，为理解昆虫的气味识别分子机制提供了新的思路（Benton *et al*., 2009; Silbering *et al*., 2011）。IR92a 调控黑腹果蝇对氨气和挥发性有机胺的趋性行为（Min *et al*., 2013）。SNMPs 在多种昆虫中高度保守，并参与性信息素化学通讯的分子过程（Nichols and Vogt, 2008）。其中，SNMP1 被证明与 PRs 共表达以提高昆虫检测性信息素的灵敏性（Rogers *et al*., 1997; Benton *et al*., 2007; Vogt *et al*., 2009; Liu *et al*., 2014; Pregitzer *et al*., 2014）。在黑腹果蝇中，SNMP1 在检测性信息素 Z11-18OAc 过程中起着关键性的作用（Benton *et al*., 2007; Jin *et al*., 2008）；此外，在鳞翅目蛾类昆虫中，SNMP1 与触角上识别性信息素的神经元息息相关（Forstner *et al*., 2008; Thode *et al*., 2008）。在本研究中，RNA-Seq 和 qRT-PCR 结果一致表明 IR92a 和 SNMP1-1 可能参与橘小实蝇雄成虫识别 ME 的过程。然而，IR92a 和 SNMP1-1 具体的分子功能有待进一步研究。

4.2.3 橘小实蝇性成熟雄成虫识别 ME 的分子模型

从化学信息素的刺激到昆虫行为反应的产生，包括气味分子的捕捉、结合、转运和失活等一系列嗅觉反应。OBPs 能结合环境中的各种疏水性气味分子，并将它们通过血淋巴转运到 OSNs 树突膜上 ORs（Hallem *et al*., 2006; Sato *et al*., 2008; Taylor *et al*., 2008; Silbering *et al*., 2011; Siciliano *et al*., 2014）；然后激活 Orco/OR 构成的异源二聚体产生电生理信号，再传输到昆虫大脑，最终产生相应的行为反应（Neuhaus *et al*., 2005; Benton *et al*., 2006; Hallem and Carlson 2006; Sato *et al*., 2008; Pelletier *et al*., 2010; Silbering *et al*., 2011; Di *et al*., 2017; Fleischer *et al*., 2017）。本研究发现OBP2和OR88a在调控橘小实蝇对ME的趋性反应行为中起关键作用。另有研究表明，通过注射或饲喂dsRNA沉默Orco、OBP83a-2嗅觉靶标基因，橘小实蝇对ME的趋性能力显著下降（Zheng *et al*., 2012; Wu *et al*., 2016）。综合本书作者目前的研究结果和已有的研究报道，本书作者初步推测当ME气味分子通过橘小实蝇雄成虫触角上的感觉小孔扩散进入触角后，气味结合蛋白（OBP2 或 OBP83a-2）迅速与ME结合，形成复合体通过淋巴液到达气味受体OR88a，然后激活OR88a/Orco异源二聚体产生动作电位，最终信号转导进入实蝇大脑并产生趋向ME的行为反应；激活OR88a/Orco异源二聚体后，ME气味分子被气味降解酶ODEs降解。本书作者的研究结果进一步阐明了ME引诱橘小实蝇性成熟雄成虫的分子机制，并对利用这一特殊的嗅觉通路开发更高效、更经济、更安全的引诱剂来防控橘小实蝇提供了可靠的理论基础和科学依据。

4.3 创新点

（1）首次联合运用蛋白质组学和转录组学技术对橘小实蝇雄成虫识别甲基丁香酚的分子机制进行了深入、系统的研究；

（2）首次在爪蟾卵母细胞表达系统对橘小实蝇气味受体OR88a和OR63a-1的功能进行了研究，为研究其他ORs的功能提供了技术支撑；

（3）初步阐明了甲基丁香酚的作用靶标嗅觉基因与转运通路。

4.4 展望

本书较为系统地研究了气味结合蛋白OBP2和气味受体OR88a在橘小实蝇雄成虫识别、定位ME过程中的分子功能，初步阐明了ME气味分子在雄成虫触角中的转运路径，但仍有以下问题有待解决：

（1）气味结合蛋白（OBP2或OBP83a-2）结合ME后，以何种形式激活异源二聚体（OR88a/ORco）需进一步研究；

（2）本研究发现IR92a和SNMP1-1在ME诱导后，表达量显著上调，但其是否参与橘小实蝇对ME的识别过程及分子功能尚不清楚，需做进一步研究；

（3）ME在橘小实蝇雄成虫触角中转导过程中，参与降解ME气味分子的气味降解酶（ODEs）种类及功能需进一步研究；

（4）橘小实蝇从识别 ME 信号刺激到产生行为反应的电生理信号转导的神经通路（触角叶、蕈形体、中枢神经系统）尚不明确，需进一步研究。

参考文献

郭庆亮，杨春花，陈家骅，等. 对甲基丁香酚无趋性的橘小实蝇遗传性别品系雄虫的筛选[J]. 热带作物学报, 2010, 31(5): 845-848.

Andersson M N, Löfstedt C, Newcomb R D. Insect olfaction and the evolution of receptor tuning[J]. Frontiers in Ecology and Evolution, 2015, 3: 53.

Anton S, Dufour M C, Gadenne C. Plasticity of olfactory-guided behaviour and its neurobiological basis: lessons from moths and locusts[J]. Entomologia Experimentalis et Applicata, 2007, 123: 1-11.

Barrozo R B, Jarriault D, Deisig N, *et al.* Mating-induced differential coding of plant odour and sex pheromone in a male moth[J]. European Journal of Neuroscience, 2011, 33: 1841-1850.

Benton R, Vannice K S, Gomez-Diaz C, *et al.* Variant ionotropic glutamate receptors as chemosensory receptors in, *Drosophila*[J]. Cell, 2009, 136(1):149.

Benton R, Vannice K S, Vosshall L B. An essential role for a CD36-related receptor in pheromone detection in *Drosophila*[J]. Nature, 2007, 450(7167): 289-293.

Benton R, Sachse S, Michnick S W, *et al.* Atypical membrane topology and heteromeric function of, *Drosophila*, odorant receptors in vivo[J]. Plos Biology, 2006, 4(2):240-257.

Deisig N, Kropf J, Vitecek S, *et al.* Differential interactions of sex pheromone and plant odour in the olfactory pathway of a male moth[J]. Plos One, 2012, 7: e33159.

Di C, Ning C, Huang L Q, *et al.* Design of larval chemical attractants based on odorant response spectra of olfactory receptors in the cotton bollworm[J]. Insect Biochemistry and Molecular Biology, 2017, 84: 48-62.

Dweck H K M, Ebrahim S A M, Thoma M, *et al.* Pheromones mediating copulation and attraction in *Drosophila*[J]. Proceedings of the National Academy of Sciences of the United States of America, 2015, 112(21): 2829-2835.

Feng L, Prestwich G D. Expression and characterization of a lepidopteran general odorant binding protein[J]. Insect Biochemistry and Molecular Biology, 1997, 27(5): 405-412.

Feng M, Song F F, Aleku D W, *et al.* Antennal proteome comparison of sexually mature drone and forager honeybees[J]. Journal of Proteome Research, 2011,10(7): 3246-3260.

Fleischer J, Pregitzer P, Breer H, *et al.* Access to the odor world: olfactory receptors and their role for signal transduction in insects[J]. Cellular and Molecular Life Sciences, 2017, 75(5): 485-508.

Forstner M, Gohl T, Gondesen I, *et al.* Differential expression of SNMP-1 and SNMP-2 proteins in pheromone-sensitive hairs of moths[J]. Chemical Senses, 2008, 33: 291-299.

Gong Z J, Zhou W W, Yu H Z, *et al.* Cloning, expression and functional analysis of a general odorant-binding protein 2 gene of the rice striped stem borer, *Chilo suppressalis* (Walker) (Lepidoptera: Pyralidae)[J]. Insect Molecular Biology, 2009, 18(3): 405-417.

Gadenne C, Barrozo R B, Anton S. Plasticity in insect olfaction: to smell or not to smell?[J]. Annual Review of Entomology, 2016, 61: 317-333.

Hallem E A, Carlson J R. Coding of odors by a receptor repertoire[J]. Cell, 2006, 125(1): 143-160.

Hallem E A, Ho M G, Carlson J R. The molecular basis of odor coding in the *Drosophila* antenna[J]. Cell, 2004, 117: 965-979.

He X L, Tzotzos G, Woodcock C, *et al.* Binding of the general odorant binding protein of *Bombyx mori* BmorGOBP2 to the moth sex pheromone components[J]. Journal of Chemical Ecology, 2010, 36(12): 1293-1305.

Ibrahim A G, Hashim A G. Efficacy of methyl-eugenol as male attractant for *Dacus dorsalis* Hendel (Diptera: Tephritidae)[J]. Pertanika, 1980, 3: 108-112.

Jang E B. Effects of mating and accessory gland injections on olfactory-mediated behavior in the female mediterranean fruit fly, *Ceratitis capitata*[J]. Journal of Insect Physiology, 1995, 41: 705-710.

Jayanthi P D K, Woodcock C M, Caulfield J, *et al.* Isolation and identification of host cues from mango, *Mangifera indica*, that attract gravid female oriental fruit fly, *Bactrocera dorsalis*[J]. Journal of Chemical Ecology, 2012, 38(4): 361-369.

Jin S, Zhou X, Gu F, *et al.* Olfactory plasticity: variation in the expression of chemosensory receptors in *Bactrocera dorsalis* in different physiological states[J]. Frontiers in Physiology, 2017, 8: 672.

Jin X, Ha T S, Smith D P. SNMP is a signaling component required for pheromone sensitivity in *Drosophila*[J]. Proceedings of the National Academy of Sciences of the United States of America, 2008, 105(31): 10996-11001.

Karunaratne M M S C, Karunaratne U K P R. Factors influencing the responsiveness of male oriental fruit fly, *Bactrocera dorsalis*, to methyl eugenol (3, 4 dimethoxyalyl benzene)[J]. Tropical Agricultural Research & Extension, 2012, 15(4):92-97.

Koenig C, Hirsh A, Bucks S, *et al.* A reference gene set for chemosensory receptor genes of *Manduca sexta*[J]. Insect Biochemistry and Molecular Biology, 2015, 66: 51-63.

Krishnan B, Dryer S E, Hardin P E, *et al.* Circadian rhythms in olfactory responses of *Drosophila melanogaster*[J]. Nature, 1999, 400: 375-378.

Kromann S H, Saveer A M, Binyameen M, *et al.* Concurrent modulation of neuronal and behavioural olfactory responses to sex and host plant cues in a male moth[J]. Proceedings of the Royal Society B-Biological Sciences, 2015, 282: 20141884.

Larsson M C, Domingos A I, Jones W D, *et al.* Or83b encodes a broadly expressed odorant receptor essential for *Drosophila* olfaction[J]. Neuron, 2004, 43(5): 703-714.

Leal W S. Odorant reception in insects: roles of receptors, binding proteins, and degrading enzymes[J]. Annual Review of Entomology, 2013, 58(1):373.

Liu C, Zhang J, Liu Y, *et al.* Expression of SNMP1 and SNMP2 genes in antennal sensilla of *Spodoptera exigua* (Hübner)[J]. Archives of Insect Biochemistry and Physiology, 2014, 85(2): 114-126.

Malnic B, Hirono J, Sato T, *et al.* Combinatorial receptor codes for odors[J]. Cell, 1999, 96: 713-723.

McInnis D, Kurashima R, Shelly T, *et al.* Prerelease exposure to methyl eugenol increases the mating competitiveness of sterile males of the oriental fruit fly (Diptera: Tephritidae) in a Hawaiian orchard[J]. Journal of Econmic Entomology, 2011, 104: 1969-1978.

Miller C L, Oikawa M, Cai Y J, *et al.* Role of Ca2+/Calmodulin-stimulated cyclic nucleotide phosphodiesterase 1 in mediating cardiomyocyte hypertrophy[J]. Circulation Research, 2009, 105(10): 956-964.

Min S, Ai M, Shin S A, *et al.* Dedicated olfactory neurons mediating attraction behavior to ammonia and amines in *Drosophila*[J]. Proceeding of the Natlonal Academy of Sciences USA, 2013, 110: 1321-1329.

Missbach C, Dweck H K, Vogel H, *et al.* Evolution of insect olfactory receptors[J]. Elife, 2014, 3(229): e02115.

Neuhaus E M, Gisselmann G, Zhang W, *et al.* Odorant receptor heterodimerization in the olfactory system of *Drosophila melanogaster*[J]. Nature Neuroscience, 2005, 8(1): 15-17.

Nichols Z, Vogt R G. The SNMP/CD36 gene family in Diptera, Hymenoptera and Coleoptera: *Drosophila melanogaster*, *D. pseudoobscura*, *Anopheles gambiae*, *Aedes aegypti*, *Apis mellifera*, and T*ribolium castaneum*[J]. Insect Biochemistry and Molecular Biology, 2008, 38: 398-415.

Page T L, Koelling E. Circadian rhythm in olfactory response in the antennae controlled by the optic lobe in the cockroach[J]. Journal of Insect Physiology, 2003, 49: 697-707.

Patch H M, Velarde R A, Walden K K O, *et al.* A candidate pheromone receptor and two odorant receptors of the hawkmoth Manduca sexta[J]. Chemical Senses, 2009, 34(4): 305-316.

Pelletier J, Guidolin A, Syed Z, *et al.* Knockdown of a mosquito odorant-binding protein involved in the sensitive detection of oviposition attractants[J]. Journal of Chemical Ecology, 2010, 36(3): 245-248.

Pregitzer P, Greschista M, Breer H, *et al.* The sensory neurone membrane protein SNMP1 contributes to the sensitivity of a pheromone detection system[J]. Insect Molecular Biology, 2014, 23(6): 733-742.

Rebijith K B, Asokan R, Hande H R, *et al.* RNA Interference of Odorant-binding protein 2 (OBP2) of the cotton aphid, *Aphis gossypii* (Glover), resulted in altered electrophysiological responses[J]. Applied Biochemistry and Biotechnology, 2016, 178(2): 251-266.

Rogers M E, Sun M, Lerner M R, *et al.* Snmp-1, a novel membrane protein of olfactory neurons of the silk moth *Antheraea polyphemus* with homology to the CD36 family of membrane proteins[J]. Journal of Biological Chemistry, 1997, 272(23): 14792-14799.

Rund S S, Bonar N A, Champion M M, *et al.* Daily rhythms in antennal protein and olfactory sensitivity in the malaria mosquito *Anopheles gambiae*[J]. Scientific Reports, 2013a, 3: 2494.

Rund S S, Gentile J E, Duffield G E. Extensive circadian and light regulation of the transcriptome in the malaria mosquito *Anopheles gambiae*[J]. BMC Genomics, 2013b, 14: 218.

Sato K, Pellegrino M, Nakagawa T, *et al.* Insect olfactory receptors are heteromeric ligand-gated ion channels[J]. Nature, 2008, 452(7190): 1002–1006.

Sayin S, Boehm A C, Kobler J, *et al.* Internal state dependent odor processing and perception-the role of neuromodulation in the fly olfactory system[J]. Frontiers in Cellular Neuroscience, 2018, 12: 11.

Shelly T E. Selection for non-responsiveness to methyl eugenol in male oriental fruit flies (Diptera: Tephritidae)[J]. Florida Entomologist, 1997, 248-253.

Shelly T E, Edu J, Pahio E, *et al.* Re-examining the relationship between sexual maturation and age of response to methyl eugenol in males of the oriental fruit fly[J]. Entomologia Experimentalis et Applicata, 2008, 128: 380-388.

Shelly T E, James E, Donald M I. Pre-release consumption of methyl eugenol increases the mating competitiveness of sterile males of the Oriental fruit fly, *Bactrocera dorsalis*, in large field enclosures[J]. Journal of Insect Science, 2010, 10(10): 1-16.

Siciliano P, He X L, Woodcock C, *et al.* Identification of pheromone components and their binding affinity to the odorant binding protein *CcapOBP83a-2* of the Mediterranean fruit fly, *Ceratitis capitata*[J]. Insect Biochemistry and Molecular Biology, 2014, 48: 51-62.

Silbering A F, Rytz R, Grosjean Y, *et al.* Complementary function and integrated wiring of the evolutionarily distinct *Drosophila* olfactory subsystems[J]. Journal of Neuroscience the Official Journal of the Society for Neuroscience, 2011, 31(38): 13357-13375.

Smith R L, Adams T B, Doull J, *et al.* Safety assessment of allylalkoxybenzene derivatives used as flavouring substances—methyl eugenol and estragole[J]. Food and Chemical Toxicology, 2002, 40(7): 851-870.

Stengl M, Funk N W. The role of the coreceptor Orco in insect olfactory transduction[J]. J Comp Physiol A Neuroethol Sens Neural Behav Physiol, 2013, 199(11): 897-909.

Suh E, Bohbot J D, Zwiebel L J. Peripheral olfactory signaling in insects[J]. Current Opinion in Insect Science, 2014, 6: 86-92.

Tan K H, Kirton L G, Serit M. Age response of *Dacus dorsalis* (Hendel) to methyl eugenol in a wind tunnel and traps set in a village and its implication in population estimation[C]. Fruit Flies: Proceedings of the Second International Symposium, 1986, 425-432.

Tanoue S, Krishnan P, Krishnan B, *et al.* Circadian clocks in antennal neurons are necessary and sufficient for olfaction rhythms in *Drosophila*[J]. Current Biology, 2004, 14: 638-649.

Taylor A J, Cook D J, Scott D J. Role of odorant binding proteins: comparing hypothetical mechanisms with experimental data[J]. Chemosensory Perception, 2008, 1(2): 153-162.

Thode A B, Kruse S W, Nix J C, *et al.* The role of multiple hydrogenbonding groups in specific alcohol binding sites in proteins: insights from structural studies of LUSH[J]. Journal of Molecular Biology, 2008, 376: 1360-1376.

Van Naters W G, Carlson J R. Receptors and neurons for fly odors in *Drosophila*[J]. Current Biology, 2007, 17(7): 606-612.

Vogel C, Marcotte E M. Insights into the regulation of protein abundance from proteomic and transcriptomic analyses[J]. Nature Reviews Genetics, 2012, 13(4): 227-232.

Vogt R G, Miller N E, Litvack R, *et al.* The insect SNMP gene family[J]. Insect Biochemistry and Molecular Biology, 2009, 39(7): 448-456.

Vosshall L B, Hansson B S. A unified nomenclature system for the insect olfactory coreceptor[J]. Chemical Senses, 2011, 36(6): 497-498.

Wu Z, Lin J, Zhang H, *et al. BdorOBP83a-2* mediates responses of the oriental fruit fly to semiochemicals[J]. Frontiers in physiology, 2016, 7: 452.

Yin J, Feng H, Sun H, *et al.* Functional analysis of general odorant binding protein 2 from the meadow moth, *Loxostege sticticalis* L. (Lepidoptera: Pyralidae)[J]. Plos One, 2012, 7(3): e33589.

Zhang L Z, Yan W Y, Wang Z L, *et al.* Differential protein expression analysis following olfactory learning in *Apis cerana*[J]. Journal of Comparative Physiology A, 2015b, 201(11): 1053-1061.

Zheng W W, Peng W, Zhu C P, *et al.* Identification and expression profile analysis of odorant binding proteins in the oriental fruit fly *Bactrocera dorsalis*[J]. International Journal of Molecular Sciences, 2013, 14(7): 14936-14949.

Zheng W W, Zhu C P, Peng T, *et al*. Odorant receptor co-receptor Orco is upregulated by methyl eugenol in male *Bactrocera dorsalis* (Diptera: Tephritidae)[J]. Journal of Insect Physiology, 2012, 58(8): 1122-1127.

Zhou J J, Robertson G, He X, *et al*. Characterisation of *Bombyx mori* odorant-binding proteins reveals that a general odorant-binding protein discriminates between sex pheromone components[J]. Journal of Molecular Biology, 2009a, 389(3): 529-545.

Zhou S, Stone E A, Mackay T F, *et al*. Plasticity of the chemoreceptor repertoire in *Drosophila melanogaster*[J]. Plos Genetics, 2009b, 5: e1000681.

附录

嗅觉蛋白质二级质谱图谱

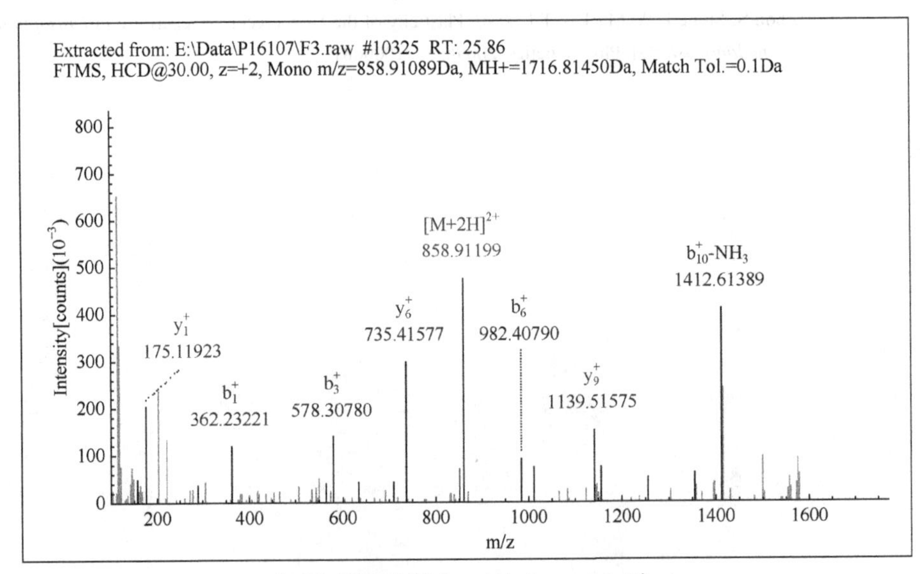

气味结合蛋白 2（Odorant binding protein 2）

（Protein Accession Number: S5R7H8; Peptides Sequence: gTDEcDTAFQIR）

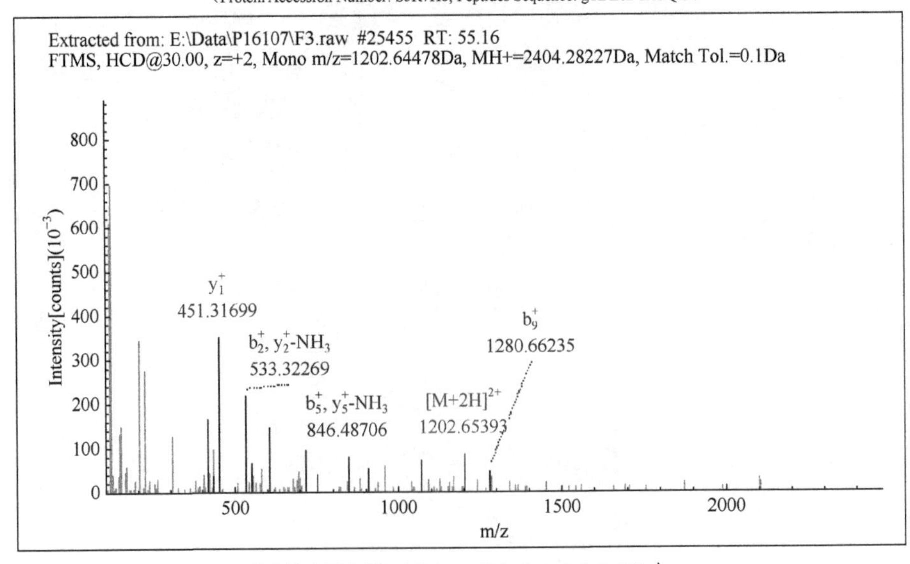

气味结合蛋白 50c（Odorant binding protein 50c）

（Protein Accession Number: A0A0G2UEP4; Peptides Sequence: gQIGTVQWk）

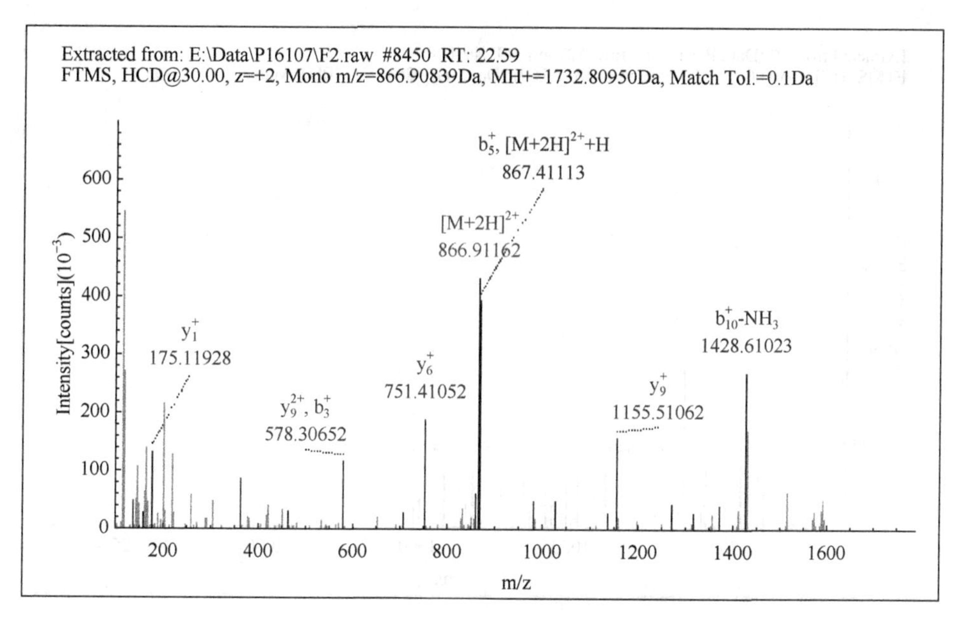

气味结合蛋白 56D-1（Odorant binding protein 56D-1）

（Protein Accession Number: A0A034WJU1; Peptides Sequence: vHTLSNEcLk）

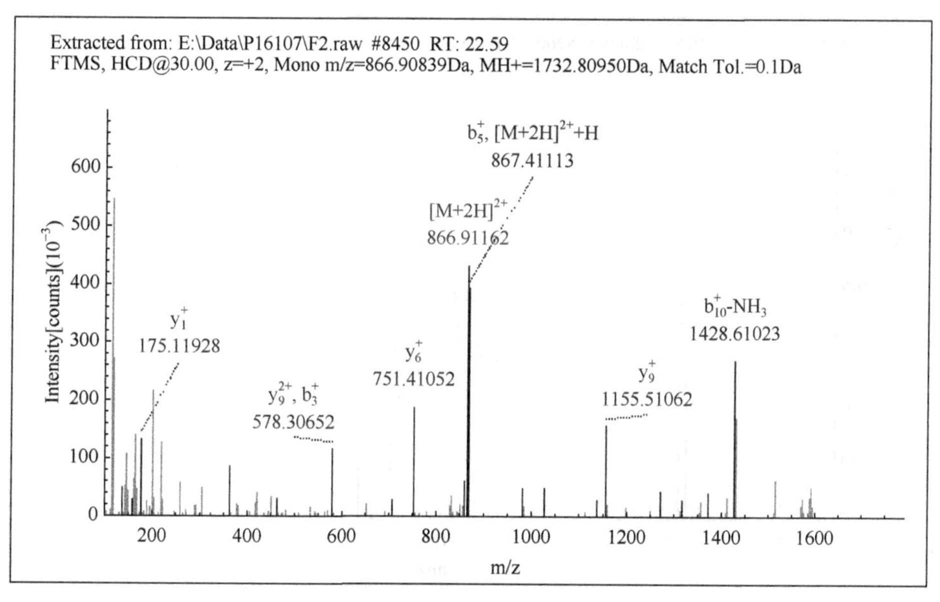

气味结合蛋白 56D-2（Odorant binding protein 56D-2）

（Protein Accession Number: A0A034WLB6; Peptides Sequence: vHAAAAEcFk）

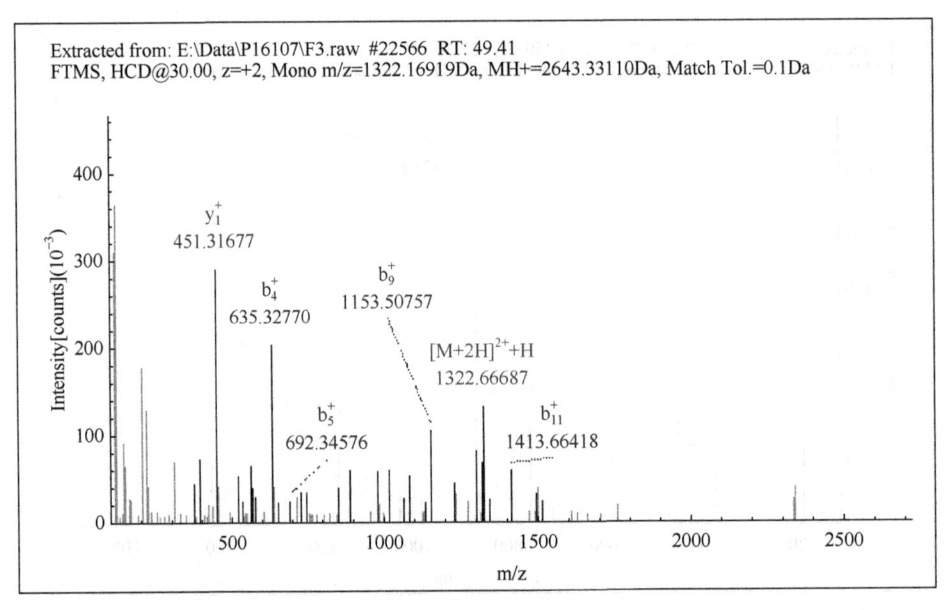

气味结合蛋白 69a（Odorant binding protein 69a）

（Protein Accession Number: A0A0G2UEV0; Peptides Sequence: aTGELPNNQNLk）

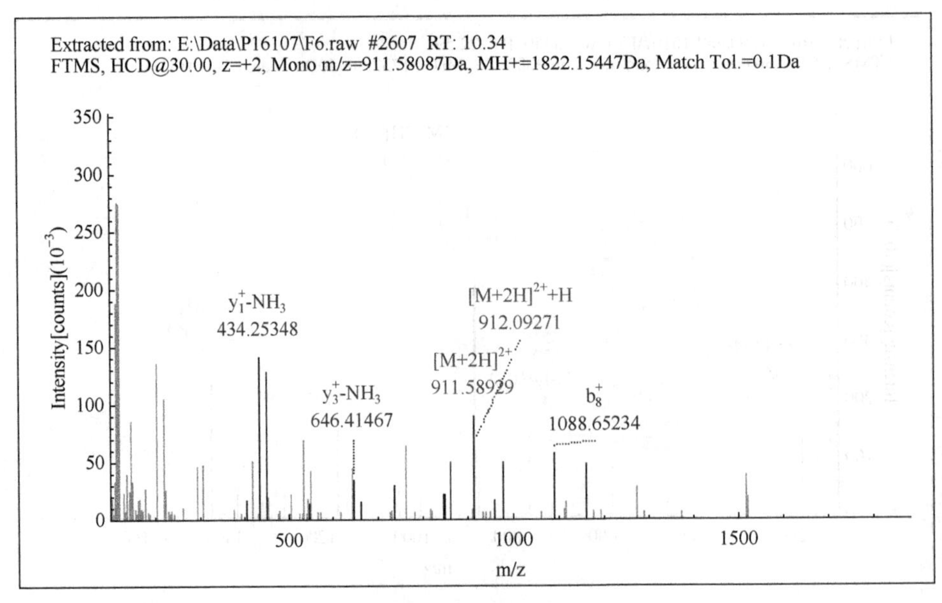

气味受体 OR94b（Odorant receptor 94b）

（Protein Accession Number: A0A0G2UEY4; Peptides Sequence: tASANIIIAVLk）

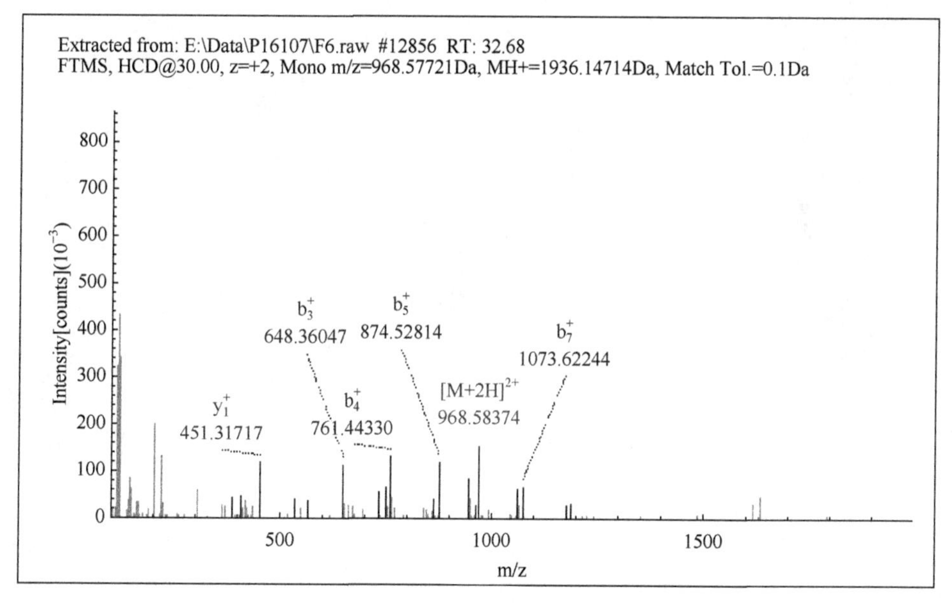

气味结合蛋白 44a（Odorant binding protein 44a）

（Protein Accession Number: A0A0G3Z7T5; Peptides Sequence: tQNLIAQLGQNk）

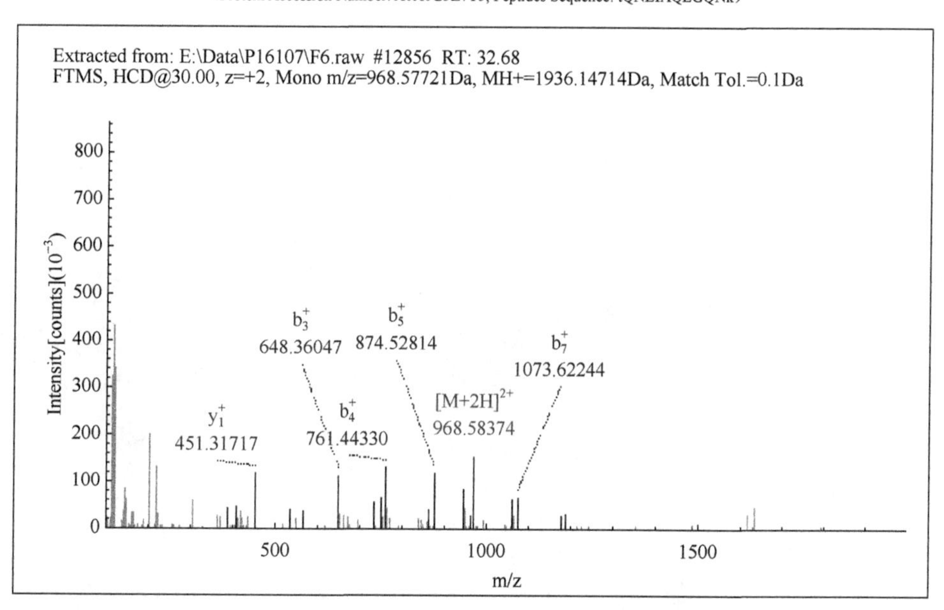

气味结合蛋白 A5（Putative odorant-binding protein A5）

（Protein Accession Number: A0A034WGF4; Peptides Sequence: kYDMELVAGNIFTSR）